Excel で学ぶ
ビジネスデータ分析の基礎

ビジネス統計スペシャリスト・エクセル分析ベーシック 対応

玄場公規、湊 宣明、豊田裕貴 著

オデッセイコミュニケーションズ

- Microsoft、Windows、Excel は、米国 Microsoft Corporation の米国およびその他の国における登録商標または商標です。
- その他、本文中に記載されている会社名、製品名は、すべて関係各社の商標または登録商標、商品名です。
- 本文中では、™マーク、®マークは明記しておりません。
- 本書に掲載されているすべての内容に関する権利は、株式会社オデッセイ コミュニケーションズ、または、当社が使用許諾を得た第三者に帰属します。株式会社オデッセイ コミュニケーションズの承諾を得ずに、本書の一部または全部を無断で複写、転載・複製することを禁止します。
- 株式会社オデッセイ コミュニケーションズは、本書の使用による「エクセル分析ベーシック」の合格を保証いたしません。
- 本書に掲載されている情報、または、本書を利用することで発生したトラブルや損失、損害に対して、株式会社オデッセイ コミュニケーションズは一切責任を負いません。

はじめに

　本書は、ビジネスの現場でさまざまなデータを活用するための基本的な知識と Excel を用いた具体的な分析方法を説明しています。今や、ビジネスの現場においても、日常的に多種多様なデータが簡単に入手でき、パソコンさえあれば高度な分析も可能ですが、十分に活用されている状況とはいえません。

　このような問題意識に基づいて、株式会社オデッセイ コミュニケーションズの出張社長の呼びかけにより、ビジネス現場においてデータを分析するための必要な基礎知識や Excel の具体的な活用方法を検討する研究会を組織し、2014 年度から活動をしてきました。その成果の一部として、2015 年度出版の書籍『ビジネス統計　統計基礎とエクセル分析』および資格試験『ビジネス統計スペシャリスト　エクセル分析スペシャリスト』を公開しました。ただ、これらの内容を十分に習得するためには、ある程度専門的な知識が求められるため、一般のビジネスマンの方々には「少し高度である」というご意見を数多く頂きました。本書は、義務教育の算数および数学の知識を習得していれば、誰でも理解できるレベルを目的として開発しました。また、資格試験『ビジネス統計スペシャリスト　エクセル分析ベーシック』の範囲に対応しています。

　本書の著者は三人で、いずれも大学院で実践的なデータ分析の教育を担当しています。第一部は玄場公規が担当し、第二部を立命館大学の湊宣明准教授、第三部を法政大学の豊田裕貴教授に執筆をお願いしました。

　本書の対象者は、大手企業のマーケティング担当者など統計を駆使しているような専門家を想定していません。また、大学である程度統計を学んだ方にも少し物足りないと感じるかもしれませんが、データ分析については「勉強して知識を持っている」ということと、「実際に使える」ということには大きな隔たりがあると考えています。ですから、ある程度知識を持っている方も、章末の問題に取り組んで、実践的な力が身についているかを確認いただければと思います。おそらく、第一部の内容はすぐに実践できるかもしれませんが、第二部および第三部の内容は、意外に理解が十分でない、あるいは実践の方法が分かっていなかったということがあるかもしれません。

　繰り返しになりますが、本書は義務教育の算数・数学レベルを習得していれば、十分理解して実践できる内容となっているので、一般の社会人や大学生だけではなく、中学生や高校生も取り組めると思います。ぜひ、本書の内容を理解して、広く日本のビジネスの現場において、データ分析を実践していただけることを期待しています。

法政大学大学院イノベーション・マネジメント研究科

玄場公規

目次

はじめに iii

本書について viii

ビジネス統計スペシャリスト　試験概要 x

学習環境 xii

①ビジネスデータ把握力 編

第 1 章　平均値 2

　　1.1　平均値とは何かを知る 3

　　1.2　平均値を求める 3

　　　　1.2.1　Excel にデータを入力する 3

　　　　1.2.2　自分で数式を作成する方法 5

　　　　1.2.3　AVERAGE 関数を使用する方法 7

　　　　1.2.4　関数を挿入するその他の方法 9

　　1.3　まとめ 11

　　　　章末問題 11

第 2 章　中央値 12

　　2.1　中央値が何かを知る 13

　　2.2　中央値を求める 14

　　　　2.2.1　Excel にデータを入力する 14

　　　　2.2.2　中央値を求める 16

　　2.3　まとめ 19

　　　　章末問題 19

第 3 章　最頻値 20

　　3.1　最頻値が何かを知る 21

　　3.2　最頻値を求める 21

　　3.3　中央値と最頻値の例 25

　　3.4　まとめ 25

　　　　章末問題 26

第 4 章　レンジ 28

　　4.1　レンジが何かを知る 29

　　4.2　レンジを求める 30

　　4.3　まとめ 36

| | 章末問題 | 36 |

第5章　標準偏差 38

5.1	標準偏差が何かを知る	39
5.2	標準偏差を求める	40
	5.2.1　Excel 関数を使用しない方法	40
	5.2.2　Excel 関数を使用する方法	46
5.3	まとめ	49
5.4	Excel の分析機能「基本統計量」	50
	5.4.1　分析ツールアドインを設定する	50
	5.4.2　基本統計量を使用する	53
	章末問題	56

②ビジネス課題発見力 編

第6章　外れ値の検出 58

6.1	外れ値が何かを知る	59
6.2	散布図の外れ値を検出する	60
	6.2.1　散布図を作成する	60
	6.2.2　近似曲線を挿入する	63
6.3	折れ線グラフの外れ値を検出する	65
	6.3.1　折れ線グラフに補助線を挿入する	66
6.4	まとめ	68
	章末問題	69

第7章　度数分布表 70

7.1	度数分布表が何かを知る	71
7.2	度数分布表を作成する	71
7.3	ヒストグラムが何かを知る	75
7.4	ヒストグラムを作成する	77
7.5	まとめ	81
	章末問題	81

第8章　標準化 82

8.1	標準化が何かを知る	83
8.2	平均の異なるデータを標準化する	84
8.3	まとめ	89
	章末問題	90

第 9 章 移動平均 92

9.1 移動平均が何かを知る 93

9.2 時系列データを整理する 93

9.3 移動平均を使って時系列データを分析する 96

9.4 結果を見る 101

9.5 まとめ 101

章末問題 102

第 10 章 季節調整 104

10.1 季節調整が何かを知る 105

10.2 時系列データを用意する 105

10.3 時系列データを整理する 106

10.4 季節要因を求める 107

10.5 季節変動値を考察する 109

10.6 季節変動値を考慮して考察する 112

10.7 まとめ 115

章末問題 115

③ビジネス仮説検証力 編

第 11 章 集計 118

11.1 ふたつの変数の関係に着目する 119

11.2 仮説のタイプを確認する 120

11.3 質的変数（原因）→量的変数（結果）の仮説を検証する 121

11.4 仮説の検証に必要な視点を考える 125

11.5 質的変数（原因）→質的変数（結果）の仮説を検証する 126

11.6 まとめ 132

章末問題 133

第 12 章 散布図 134

12.1 量的変数と量的変数の関係を知る 135

12.2 量的変数と量的変数の関係をグラフ化する (1): 折れ線グラフ 136

12.3 量的変数と量的変数の関係をグラフ化する (2): 散布図 139

12.4 まとめ 143

章末問題 144

第 13 章 相関 146

13.1 相関関係を確認する 147

13.2 相関（ピアソンの積率相関）とは何かを知る 147

13.3 分析ツールを使用して相関を計算する 150

| 13.4 | 「相関がない＝関係がない」ではない | 152 |

13.4　「相関がない＝関係がない」ではない 152

13.5　「相関がある＝因果関係がある」ではない 154

13.6　まとめ 154

　　　章末問題 155

第 14 章 回帰分析 156

14.1　直線関係を詳しく調べる 157

14.2　y=ax+b の「a」とは何かを理解する 160

14.3　y=ax+b の「b」とは何かを理解する 161

14.4　どれくらい説明できるか確認する 162

14.5　分析ツールで回帰分析を行う 164

14.6　まとめ 167

　　　章末問題 167

第 15 章 最適化 168

15.1　Excel でシミュレーションを行う 169

15.2　回帰分析の結果を活用する 171

15.3　利益を最適化する価格を探す 172

15.4　ソルバー機能を活用する 173

　　　15.4.1　ソルバーアドインを設定する 173

　　　15.4.2　ソルバーを使用して最適化する 175

15.5　まとめ 178

　　　章末問題 178

章末問題　解答 179

索引 181

本書について

本書の目的

　本書は、ビジネスの現場でさまざまなデータを活用するための基本的な知識と Excel を使用したデータ分析の方法を解説した書籍です。また、認定資格『ビジネス統計スペシャリスト』の『エクセル分析ベーシック』の出題範囲に対応しており、試験対策テキストとしてもご利用いただけます。

対象読者

　本書は、統計分析の実務やデータの見方を習得したい学生、ビジネスパーソン、マネージャー、経営者の方を対象としています。

本書の構成

　本書は、大きく 3 つの部門に分かれており、全 15 章で構成されています。各章では、Excel を使用してデータを分析する基本的な考え方や手順を解説しています。章が進むにつれて、より高度な分析方法を習得できるようになります。

本書の制作環境

　本書は、以下の環境を使用して制作しています。（2016 年 9 月現在）
- Microsoft Windows 10 Pro（64 ビット版）
- Microsoft Office Professional Plus 2016

本書の表記について

1.　本文中のマーク

表記	意味
1	本文で使用している用語を補足で解説します。
☞	参考となる本書の他のページを示します。

2.　製品名

本書では、以下の略称を使用しています。

名称	略称
Windows 10 Pro	Windows 10、Windows
Excel 2016	Excel 2016、Excel

学習の進め方

　第1章～第8章は、本書の解説に沿ってExcelにデータを入力して学習を進めてください。

　第9章～第10章は、本文で指示する外部サイトから統計用データをダウンロードして学習を進めてください。

　第11章～第15章は、ビジネス統計スペシャリスト公式サイトで、学習用のサンプルデータ（Excelブック）を提供しています。学習用データをダウンロードして学習を進めてください。

章末問題

　各章には、学習した内容の理解度を確認するための「章末問題」を掲載しています。正解は最終ページ（「索引」前）をご覧ください。章末問題の解説はWebサイトで提供しています。ダウンロード方法は「学習用データのダウンロード」をご覧ください。

学習用データのダウンロード

　学習用データは、以下の手順でご利用ください。

1.　ユーザー情報登録ページを開き、認証画面にユーザー名とパスワードを入力します。

```
◆エクセル分析ベーシック　学習データダウンロードページ
ユーザー情報登録ページ　　https://stat.odyssey-com.co.jp/book/statex_basic/
ユーザー名　　　　　　　　statbasic
パスワード　　　　　　　　r7MGmV
```

2.　ユーザー情報登録フォームが表示されたら、お客様情報を入力して登録します。

3.　[入力内容の送信] ボタンをクリックしたあと、[学習用データダウンロード] ボタンをクリックし、表示されたページから学習用データをダウンロードします。

イラストについて

　各章の冒頭の挿絵は、その章の学習内容をイメージするためのエピソードをイラスト化したもので、必ずしも本文の解説を補足するものではありません。

ビジネス統計スペシャリスト　試験概要

ビジネス統計スペシャリストとは

『ビジネス統計スペシャリスト』は、データ分析の"実践"に重点を置き、身近に活用できる Excel を使用したデータ分析と分析結果を正確に理解し、応用する能力を評価する資格試験です。

試験科目

ビジネス統計スペシャリストには下記の科目があります。（2016 年 9 月現在）

試験科目	出題数	試験時間
エクセル分析ベーシック ＊	40 問前後	60 分
エクセル分析スペシャリスト	30 問	60 分

＊本書は「エクセル分析ベーシック」の出題範囲に対応しています。

試験の形態と受験料

試験は、試験会場のコンピューターで実施する CBT（Computer Based Testing）方式で行われます。

出題形式	択一問題、穴埋め問題 ＊ ＊穴埋め問題：Excel を操作した結果（数字もしくは文字）を空欄に入力して解答します。
Excel 操作問題	Excel を操作して、その結果をもとに解答します。Excel バージョンは、ご受験になる会場により異なります。 お客様が Excel バージョンを指定することはできませんが、操作性に大きな違いはありません。
合格基準	700 点（1000 点満点）
受験料	（下記の表を参照）

試験科目	一般価格	割引価格 ＊＊
エクセル分析ベーシック	6,600 円（税込）	4,400 円（税込）
エクセル分析スペシャリスト	10,780 円（税込）	8,800 円（税込）

＊＊割引価格はオデッセイ コミュニケーションズが実施・運営する資格試験『MOS』、『VBA エキスパート』、『IC3』、『コンタクトセンター検定試験』、『ビジネス統計スペシャリスト』、『外交官から学ぶグローバルリテラシー』、『令和のマナー検定』のいずれか 1 科目を取得している方、または試験当日に学生の方へ適用されます。

本書と出題範囲の対応表

『ビジネス統計スペシャリスト エクセル分析ベーシック』の出題範囲と本書の解説ページとの対応表です。学習の参考にしてください。

大分類	中分類	本書ページ
ビジネスデータ把握力	平均	2
	中央値	12
	最頻値	20
	レンジ	28
	標準偏差	38
ビジネス課題発見力	外れ値の検出	58
	度数分布表	70
	標準化	82
	移動平均	92
	季節調整	104
ビジネス仮説検証力	集計	118
	散布図	134
	相関分析	146
	回帰分析	156
	最適値	168

その他の詳細情報については、ビジネス統計スペシャリスト公式サイトをご参照ください。
https://stat.odyssey-com.co.jp/

学習環境

本書は、Windows 10 と Excel 2016 の環境で制作しています。
OS や Excel のバージョンによって、メニューやダイアログボックスの名称が異なる場合があります。

Microsoft Excel の起動について

使用される OS によって Excel の起動方法が異なります。以下の画面に遷移してから、該当する Excel を起動してください。なお、Excel をスタート画面にピン留めすることですぐに起動できるようになります。

Windows 10 の環境

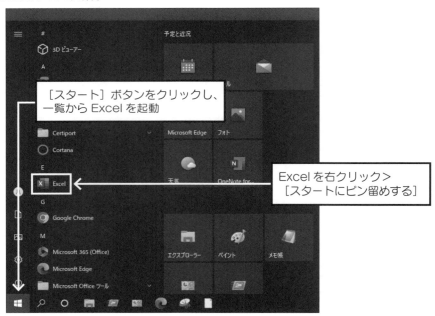

Windows 11 の環境

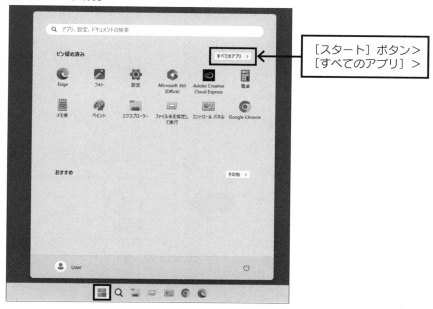

[スタート］ボタン＞
［すべてのアプリ］＞

Excel を右クリック＞
［スタートにピン留めする］

小数点の表示について

　本書内では、計算結果の小数点以下の桁数を指示していない章があります。指示のない場合は、表示形式で数値の桁数を「0」、「1」、「2」のいずれかで表記しています。小数点以下の桁数が本文内のサンプル画像と異なる結果になったとしても学習するべき内容に影響はありません。

例）本書内では、左図のように計算結果を表示していますが、実際には右図のように小数点以下の桁数が表示される場合があります。

本書内の説明

平均値	7
中央値	
最頻値	

実際の計算結果

平均値	7. 4375
中央値	
最頻値	

グラフの表示について

　本書では、グラフのデータ系列を黒、グレーなどの無彩色の明暗で表現したり、一部データ系列の線の種類を変更しています。学習されている環境ではデータ系列は、異なる色合いで表示されます。本文と同じように線の種類や色を変更する必要はありません。

　グラフに関する解説では、グラフのタイトルを変更する手順、グラフのタイトルを表示しない手順などを省いて解説を進めている章があります。作成したグラフが本書内のグラフの画像と異なる結果になったとしても学習するべき内容に影響はありません。

数式のコピー

　本書では、セルの［オートフィル］機能を使った操作が多く出てきます。オートフィルで数式をコピーした際に、値のみコピーされてしまう場合はExcelのオプション設定を変更します。［ファイル］タブの［オプション］をクリックして、［数式］を選択したら、［計算方法の設定］にあるブックの計算を［自動］に変更してください。

オートフィル以外の操作としては、貼り付けオプションで［数式］を選択する方法もあります。

① ビジネスデータ
把握力 編

第1章 平均値

Goal
- 平均値の意味を説明することができる。
- 自分で関数を作成できる。
- Excelの「AVERAGE」[1]関数を使って、データの平均値を計算できる。

田中さん：君は仕事の後でよく飲みにいくな。月にどのくらいのお小遣いをもらっているんだい？

伊藤さん：毎月、決まった金額ではないけれど、今月は6万くらいかな。

田中さん：6万円も!?

伊藤さん：今月はね。1年で平均すれば、月あたり3万円くらいだよ。先月が少なかったから、今月は多いのかもしれないな。

田中さん：トータルの金額は、僕と同じだな。多い月に散財してしまって少ない月に困るから僕は一定の額がいいな。

伊藤さん：安定しているほうが、計画的にやりくりできるからね。毎月いくら使えるのか意識するといいよ。この考えかたは財布にも、家計にも大いに役立つね。

田中さん：合計金額は同じでも、6万円の月があるのはうらやましいよ！

1　AVERAGE関数：アベレージ。指定した範囲や数値の平均値を求める関数です。

このように、変化の度合いが異なる「数字」を平均値で比較することは日常的に行われています。データが少なければ平均値は簡単に求められますが、データが多い場合は大変です。ただ、データが多くても、Excel を用いれば簡単に計算できます。ここでは、平均値の求めかたを学びましょう。

1.1　平均値とは何かを知る

まずは、**平均値**について復習しましょう。小学校で習う算数でおなじみの公式（**平均値＝合計÷個数**）です。合計の値をデータの数で割ったものが平均値です。

Excel を用いる場合でも、この考えかたは同じです。式だけではなく、これからいろいろな統計の値を理解するために求めかたをイメージすることも重要です。たとえば、でこぼこの道をアスファルトの道路にするとき、重機などを使って平らにならします。この作業が平均値を求めるイメージです。グラフやデータが与えられたとき、データの「でこぼこ」をなくし平らにすると思えば、わかりやすいでしょう。

1.2　平均値を求める

次に、例題をもとに平均値を計算します。数字のばらつきが大きく、データの個数が多いものは、起伏が激しく長いでこぼこ道のようなものです。

表 1.1 は、ある会社の各部門における人材配置のデータです。各部門の平均人数を計算してみましょう。

●1.2.1　Excel にデータを入力する

部門は全部で 7 つあります。平均値の公式は合計÷個数です。ここでの「合計」とは、各部門の総人数のことです。「個数」は部門数、つまり 7 です。これらのデータを Excel に入力します。

表 1.1　各部門の人数

部門名	人数（人）
繊維部門	123
機械部門	154
造船部門	190
新規事業部門	30
環境部門	85
デザイン部門	51
広告部門	60

① Excelを起動して、空白のブックを開きます。次の図のように、列AのセルA2～A8に部門名を、列BのセルB2～B8に部門人数を入力します。セルB1には「各部門人数」というフィールド名（項目名）を入力しておくと見やすくなります。行や列の幅などは自由でかまいません。

	A	B	C	D	E	F
1		各部門人数				
2	繊維部門	123				
3	機械部門	154				
4	造船部門	190				
5	新規事業部門	30				
6	環境部門	85				
7	デザイン部門	51				
8	広告部門	60				
9						
10						

部門名を入力するときに文字列が長く、すべての文字が表示されないことがあります。その場合は列Aと列Bの上部にカーソルを持っていくと、両方向の矢印に変わります。Bの方向に**ドラッグ**[2]すれば列Aの幅が変わります。

② データの入力が終わったら、名前を付けて保存します。作業の合間に上書き保存をお勧めします。

左上の［ファイル］タブをクリックして、［名前を付けて保存］を選びます。保存場所を選択して保存してください。名前を付けて保存できたら［ホーム］タブをクリックして、先ほど入力したワークシートを表示させます。

それでは、平均値を求めていきましょう。平均値を求める方法として、自分で数式を作成するやりかたと**AVERAGE関数**を用いるやりかたのふたつを紹介します。

---

2 ドラッグ：左クリックしたまま、マウスを動かすことです。

● 1.2.2　自分で数式を作成する方法

① セル A9 に「合計人数」と入力し、B9 をクリックして選択します。

	A	B	C	D	
1		各部門人数			
2	繊維部門	123			
3	機械部門	154			
4	造船部門	190			
5	新規事業部門	30			
6	環境部門	85			
7	デザイン部門	51			
8	広告部門	60			
9	合計人数				
10					

② 選択したセル B9 に人数の合計値を求めます。空白セル B9 を選択している状態では、[**数式バー**] も空欄です。ここに計算式を入力すれば、その計算結果が B9 に表示されます。Excel で数式や関数を挿入する場合、数式の先頭に「=」（イコール）を入力しなければなりません。Excel のルールですので、覚えておきましょう。

B9	▼	:	×	✓	f_x			
	A	B	C	D	E	F	G	H
1		各部門人数						
2	繊維部門	123						
3	機械部門	154						

③ 式を入力します。最初に求めるのは合計人数です。平均値の公式は、合計÷個数でしたね。平均値を出すには、合計値を求めなければなりません。合計値は B2 〜 B8 の値の合計（**総和**[3]）です。少し手間ですが、入力します。

[数式バー] をクリックしてカーソルを表示させたら、「=B2 + B3 + B4 + B5 + B6 + B7 + B8」と入力します。

3　総和：すべて足し合わせた値のことです。

SUM	▼	:	×	✓	fx	=B2+B3+B4+B5+B6+B7+B8		

◢	A	B	C	D	E	F	
1		各部門人数					
2	繊維部門	123					
3	機械部門	154					
4	造船部門	190					
5	新規事業部門	30					
6	環境部門	85					
7	デザイン部門	51					
8	広告部門	60					
9	合計人数	=B2+B3+B4					
10							
11							

④ 式の入力が完了したら［Enter］キーを押すと、セル B9 に合計値が出力されます。すべて手入力でも大丈夫ですが、B2 などのセル番地は該当のセルをマウスで選択（クリック）しても数式に入力できます。

B9	▼	:	×	✓	fx	=B2+B3+B4+B5+B6+B7+B8		

◢	A	B	C	D	E	F	
1		各部門人数					
2	繊維部門	123					
3	機械部門	154					
4	造船部門	190					
5	新規事業部門	30					
6	環境部門	85					
7	デザイン部門	51					
8	広告部門	60					
9	合計人数	693					
10							

⑤ 合計値が出たら、最後は平均値を出すために個数で割ります。セル A10 に「平均人数」と入力します。そしてセル B10 に割り算をする式を入力します。

［数式バー］に「=B9/7」と入力して［Enter］キーを押します。平均人数は「99」となりました。これで平均値が求められました。各部門の人数は 51 人の部門から 190 人の部門までさまざまですが、平均人数は 99 人で、この 7 つの部門では、平均して 1 部門あたり 99 人いることがわかります。今回の計算では人数を扱っているので、単位は「人」です。平均値は扱うデータにより単位が決まります。

SUM	▼	:	✕	✓	*fx*	=B9/7		

◢	A	B	C	D	E	F	
1		各部門人数					
2	繊維部門	123					
3	機械部門	154					
4	造船部門	190					
5	新規事業部門	30					
6	環境部門	85					
7	デザイン部門	51					
8	広告部門	60					
9	合計人数	693					
10	平均人数	99					

　数式を入力する際には、先頭に「＝」を忘れないようにします。割り算を示す記号は「/」です。初めての方のために Excel でよく使われる演算子を表 1.2 にまとめます。これらは一例ですが、基本的な記号ですので、理解しておきましょう。

表 1.2　記号一覧と入力例

演算子	演算	入力例
＋	和（足し算）	=1+2 =A1+A2
－	差（引き算）	=2-1 =B1-A1
＊	積（掛け算）	=1*2 =A1*B1
/	除（割り算）	=2/1 =B1/A1
＾	べき乗	=1^2

　以上に示した手順が、自分で数式を作成する方法です。

　今回は単純な割り算のみでしたが、数式バーに数学のルールどおり（和と差の計算より積と除の計算が優先されるなど）に入力すればさまざまな計算ができます。

● 1.2.3　AVERAGE 関数を使用する方法

　ここまでは、初心者の方でもわかりやすいように式を自分で作成する方法を説明しましたが、以下では、より便利な方法を紹介します。Excel には、平均値を計算する関数があらかじめ用意されています。今回は平均値を計算する AVERAGE 関数を用います。手順さえ覚えてしまえば、自分で数式を作成するやりかたより簡単です。

　① 先ほどのデータを使用します。合計人数、平均人数が計算されているところを削除してください。セル A9 から B10 を範囲選択して［Delete］キーを押すと、セルは空白になります。A9 には「平均人数」と入力します。

② セル B9 を選択します。先ほどは［数式バー］に直接数式を作成しましたが、ここでは定義されている関数を使用します。

　［ホーム］タブの［編集］グループにある［Σオート SUM］ボタンの▼をクリックして、表示された一覧から［平均］を選択します。

③ セル B9 には「=AVERAGE（B2:B8）」の数式が自動的に表示されます。

④ ［Enter］キーを押して、計算結果を表示します。Excel には、関数を挿入したセルの周囲に数値データが含まれていると、自動的にデータを検知するという特徴があります。例題のように、セル B9 に AVERAGE 関数を挿入することで、その上部の範囲（B2:B8）を認識したことになります。

| B9 | : | × | ✓ | fx | =AVERAGE(B2:B8) |

	A	B	C	D	E	F
1		各部門人数				
2	繊維部門	123				
3	機械部門	154				
4	造船部門	190				
5	新規事業部門	30				
6	環境部門	85				
7	デザイン部門	51				
8	広告部門	60				
9	平均人数	99				
10						

　自分で数式を作成したときと同じ値（平均値）が求められました。AVERAGE 関数の中身は、1.2.2 で作成した数式＝合計÷個数があらかじめ組みこまれているのです。

● 1.2.4　関数を挿入するその他の方法

1.2.3 の方法以外にも、関数を挿入する方法があります。

・［数式］タブの関数ライブラリから挿入する方法
・［数式バー］を使用する方法
・自分で関数を入力する方法

・［数式］タブの関数ライブラリから挿入する方法

　Excel の［数式］タブの［関数ライブラリ］から目的の関数を挿入する方法です。関数ライブラリは、計算の内容や処理によって、関数が複数のグループに分けられています。

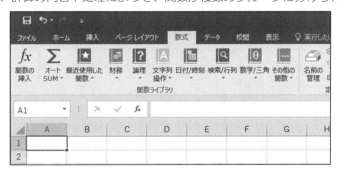

・数式バーを使用する方法

　［数式バー］のすぐ左にある［**関数の挿入**］ボタン（fx）をクリックして挿入する方法です。このボタンをクリックすると［関数の挿入］ダイアログボックスが表示され、挿入する関数を検索して挿入できます。挿入する関数を選択して［OK］ボタンをクリックすると、［関数の引数］ダイアログボックスが表示されます。AVERAGE 関数では、平均を求める範囲

が1列に収まっている場合は、[数値1]にデータ範囲を指定します。複数列にまたがって平均を求める場合は、[数値2]にもデータ範囲を指定します。

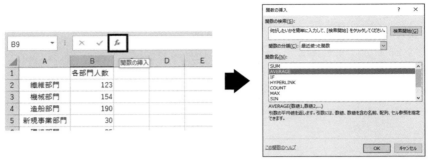

・**自分で関数を入力する方法**

関数を選択しなくても、[数式バー]またはセルに「=aver」と入力すると、予測変換で「AVERAGE関数」を選択できます。表示された候補群から挿入する方法です。

AVERAGE		× ✓ fx	=aver	
	A	B	C	
1		各部門人数		AVERAGE
2	繊維部門	123		AVERAGEA
3	機械部門	154		AVERAGEIF
4	造船部門	190		AVERAGEIFS
5	新規事業部門	30		
6	環境部門	85		
7	デザイン部門	51		
8	広告部門	60		
9	平均人数	=aver		
10				
11				

引数の平均値を返します。

1.3　まとめ

　この章では平均値について学習しました。平均値の計算方法としては、自分で数式を作成するか、既存の関数を使用するかの2通りがあります。「AVERAGE 関数」を使うほうが簡単に見えますが、計算の流れを見せたいときや複雑な関数の場合は自分で数式を作成するほうがよいかもしれません。一方、データ数が多い場合は、「AVERAGE 関数」を使うほうが操作は簡単になります。

　今回は総和を個数で割る平均値を取り扱いました。これが一般的に用いられる平均値ですが、ほかにも平均値を求める方式があります。今回の平均値は、「相加平均値」といいます。

章末問題

知識問題

　平均値について、次のなかから誤っているものをひとつ選んでください。

　1. 平均値は、総和を個数で割ることで求められる。

　2. 平均値に個数をかけると総和になる。

　3. 平均値は、個数が多すぎると計算できない。

　4. 個数は、総和を平均値で割った値である。

操作問題

　次の気温の平均値（平均気温）を求めてください。

月	火	水	木	金
12	14	13	17	14

単位：℃

第2章 中央値

Goal
- 中央値の意味を説明することができる。
- Excelの「MEDIAN」[1]関数を使って、データの中央値を計算できる。
- 中央値がビジネスにおいて何の役に立つかを理解できる。

所長：うちの営業所は、10年以上使っている古い営業車が多くないか？ 新しい車も多いけれど、古い営業車は買い換えてもらいたいよな。会社の上層部に提案しようか？ ただ、ほかの営業所と比べて古い営業車が多いことをうまく説明しないと、アピールが弱くて買い換えてもらえないだろうな。

所員：たしかに新しい営業車もあるので、すべての営業車の平均使用年数だけを示しても、古い営業車が多いことを理解していただけない可能性があります。使用年数の中央値を計算して、古い車の割合が多いことをアピールしてみましょうか？

所長：それならさっそく、営業車の使用年数の中央値を算出してくれ。

所員：わかりました。

所長：よろしく！（あいつ、最近頼りがいがあるな）

---

1 MEDIAN関数：メジアン。指定した範囲や数値の中央値を求める関数です。

この例のように実際に古い営業車が多いにもかかわらず、営業車の使用年数の平均値は比較的小さくなってしまうという場合があります。ビジネスの現場では、顧客あるいは自社の上層部に数字を使ってよく説明しますが、平均値だけではアピールが足りないときもあります。ここでは、平均値以外の切り口として中央値を求めてみましょう。

2.1　中央値が何かを知る

　ビジネスの現場におけるデータとして、平均値以外にも、**最大値**や**最小値**、**中央値**もよく用いられます。最大値はデータのもっとも大きな値で、最小値はデータのもっとも小さな値であると、すぐに理解できると思います。中央値とは文字どおり、データの「真ん中」にある値という意味で、データを小さい順（もしくは大きい順）に並べたときに、ちょうど真ん中にくる値です。平均値との違いで理解しておくべきことは、中央値は平均値に比べて、「外れ値（他のデータとは大きく異なる値）の影響を受けにくい」という点です。たとえば、ある事業部の3か月の売上が40億円、50億円、60億円だったとすると、この3か月の売上の平均値は50億円、中央値も50億円です。次の月も通常どおり50億円でしたが、さらに次の月は、事業環境が一時的に悪く、5億円の売上になったとしましょう。この場合、5か月の平均値は41億円（(40+50+60+50+5)/5 ＝ 41）となります。一方、中央値は50億円です（下から順番に並べて5、40、50、50、60の3番目の値）。ここで注意すべきは、どちらの値が正しいかではありません。ただ、外れ値であった5億円の影響を受けた平均値のみに着目すると、この事業部の売上を過少評価してしまう可能性があるということです。

　なお、データの個数が偶数個の場合は、中央値がふたつになるので、その平均をとります。以下、実際に求めてみましょう。

2.2 中央値を求める

ある営業所が 16 台の営業車を所有しているとします。表 2.1 に、これらの営業車の使用年数を示します。

表 2.1：営業車の使用年数

営業車番号	使用年数（年）
1	11
2	1
3	10
4	12
5	2
6	3
7	10
8	11
9	2
10	1
11	12
12	2
13	11
14	12
15	8
16	11

● 2.2.1 Excel にデータを入力する

① 表 2.1 を参照して、Excel にデータを入力します。次の図のように、表のタイトル、見出しを付けて入力すると見やすくなります。データを入力したら、1 行あけて、平均値、中央値、最頻値（第 3 章の最頻値でも同じデータを用います）の欄も作成しておきましょう。

	A	B	C	D
1				
2		●営業車の使用年数		
3		営業車番号	使用年数（年）	
4		1	11	
5		2	1	
6		3	10	
7		4	12	
8		5	2	
9		6	3	
10		7	10	
11		8	11	
12		9	2	
13		10	1	
14		11	12	
15		12	2	
16		13	11	
17		14	12	
18		15	8	
19		16	11	
20				
21		平均値		
22		中央値		
23		最頻値		
24				

② データの入力が終わったら、ファイルに名前を付けて保存します。たとえば「営業車使用年数.xlsx」という名前で保存します。

③ 中央値との違いを見るために、セル C21 に AVERAGE 関数を使って「平均値」を求めておきます（☞ 7 ページ）。

	A	B	C	D	E
1					
2		●営業車の使用年数			
3		営業車番号	使用年数（年）		
4		1	11		
5		2	1		
6		3	10		
7		4	12		
8		5	2		
9		6	3		
10		7	10		
11		8	11		
12		9	2		
13		10	1		
14		11	12		
15		12	2		
16		13	11		
17		14	12		
18		15	8		
19		16	11		
20					
21		平均値	7		
22		中央値			
23		最頻値			
24					

C21　=AVERAGE(C4:C19)

●2.2.2　中央値を求める

① セル C22 をクリックして、セルを選択します。

	B	C	D
16	13	11	
17	14	12	
18	15	8	
19	16	11	
20			
21	平均値	7	
22	中央値		
23	最頻値		
24			

②［ホーム］タブの［編集］グループにある［ΣオートSUM］ボタンの▼をクリックして、［その他の関数］を選択します。

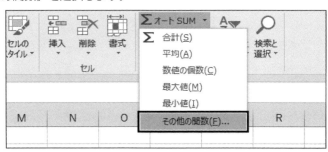

③［関数の挿入］ダイアログボックスが表示されたら、［関数の分類］リストから［統計］を選択します。

④［関数名］の一覧から、中央値の関数［MEDIAN］を選択して、［OK］ボタンをクリックします。

⑤［関数の引数］ダイアログボックスが表示されたら、「数値1」の欄に使用年数のデータ範囲 C4:C19 を指定して、［OK］ボタンをクリックします。［数式バー］に「=MEDIAN（C4:C19）」が表示されていることを確認しましょう。

関数の引数 ? ×

MEDIAN

数値1 C4:C19 = {11;1;10;12;2;3;10;11;2;1;12;...

数値2 = 数値

= 10

引数リストに含まれる数値のメジアン (中央値) を返します。

数値1: 数値1,数値2,... にはメジアンを求めたい数値、または数値を含む名前、配列、
セル参照を 1 ～ 255 個まで指定できます。

数式の結果 = 10

この関数のヘルプ(H) OK キャンセル

⑥ セル C22 に、使用年数の中央値「10（年）」が求められました。このように中央値の計算は、「中央値＝ MEDIAN（セル範囲）」で求められます。

C22				fx	=MEDIAN(C4:C19)	
	A	B	C	D	E	
1						
2		●営業車の使用年数				
3		営業車番号	使用年数（年）			
4		1	11			
5		2	1			
6		3	10			
7		4	12			
8		5	2			
9		6	3			
10		7	10			
11		8	11			
12		9	2			
13		10	1			
14		11	12			
15		12	2			
16		13	11			
17		14	12			
18		15	8			
19		16	11			
20						
21		平均値	7			
22		中央値	10			
23		最頻値				

今回、営業車の使用年数についての場合は、新しい車も多いため、平均値は7年となりました。ただし、中央値は 10 年となり、中央値を用いたほうが使用年数が古い営業車が多いことをアピールできます。

2.3　まとめ

　この章では、データの真ん中の値である中央値という統計量について学習しました。Excel では、中央値は MEDIAN 関数を使って値を求めます。

　今回の営業車のケースでは新しい車もあるため、平均値が 7 年となり、平均値のみを示すと古い車が多いと強くアピールできないかもしれません。しかし、実際には 10 年以上の車が営業車全体の半数を超えているため、中央値を計算すれば 10 年という計算結果が得られて、アピールの材料が増えるでしょう。

　平均値も中央値も統計量としての定義が違うだけで、どちらが正しい値とはいえません。ただ今回のような場合には、会社の上層部にアピールするためのデータとして平均値のみを用いるのではなく、中央値も示したほうがよいといえるのではないでしょうか。

章末問題

知識問題

中央値について、次のなかから正しいものをひとつ選んでください。

1. 中央値は、必ず最大値である。
2. 中央値は、必ず最小値である。
3. 中央値は、外れ値の影響を受けにくい。
4. 中央値は、最大値を 2 で割ったものである。

操作問題

以下のデータは、ある部品の単価（円）を示したものです。中央値を求めてください。

520、480、720、890、490、980、1500

第3章 最頻値(さいひんち)

> **Goal**
> ・最頻値の意味を説明することができる。
> ・Excelの「MODE.SNGL」[1]関数を使って、データの最頻値を計算できる。
> ・最頻値がビジネスにおいて何の役に立つかを理解できる。

所長：さっきは、営業車の使用年数の中央値を出してくれてありがとう。ただ、古い営業車が多いことをアピールするためにほかにできることはないかな？

所員：使用年数を頻度という観点で考えてみましょうか？　頻度を使用年数に置き換えて、もっとも頻度が多い値である最頻値を求めてみます。使用年数の最頻値を確認すれば、古い営業車の割合が多いことをさらにアピールできるかもしれません。

所長：さっそく最頻値も算出してみてくれ。

所員：わかりました、

所長：頼んだぞ（あいつ、最近よくやるな！）。

1　MODE.SNGL関数：モード・シングル。データの最頻値を求める関数です。

このように、ビジネスの現場においては、さまざまなデータを使って、顧客や会社の上層部へのアピールが求められます。最頻値がどんな場合にもアピールに使えるとは限りませんが、簡単に計算できれば、それだけ選択肢が増えることになります。ここでは、第2章と同様に営業車の使用年数について、平均値、中央値以外の切り口として最頻値を求めてみましょう。

3.1 最頻値が何かを知る

データを大きい順に並べた際、同じ値のデータが複数あることは珍しくありません。このとき、もっとも個数の多いデータが**最頻値**です。最頻値とは、もっとも頻繁に現れる値を意味しています。

たとえば、3、5、3、4、5、2という6つの値が得られたとして、「3」と「5」が2回ずつ出現するため、いちばん多く現れる数字がふたつ存在します。しかし、最頻値では得られた順番がいちばん早い値をとるため、このデータの最頻値は「3」になります。最頻値は**モード**とも呼ばれており、Excelでは **MODE.SNGL** 関数を使用します。データに最頻値が存在しない場合は、計算結果に「**#N/A**」[2] が表示されます。

最頻値の特徴を理解するため、6人で構成されている部署の1か月の1人あたりの出張回数（表3.1）を例に考えてみます。

表 3.1　社員の出張回数

氏名	Aさん	Bさん	Cさん	Dさん	Eさん	Fさん	部署合計
出張回数	0回	6回	0回	0回	0回	0回	6回

この部署の1人あたりの出張平均回数は、部署合計の「6」を人数で割った「1」です。しかし、最頻値はもっとも多く出現している「0」です。つまり、平均出張回数が「1」であることから、ほぼ全員が出張しているようにも思えますが、最頻値を求めれば、実際には多くの人が出張していないことがわかります。平均値は外れ値の影響を受けやすいですが、最頻値は外れ値の影響を受けずに対象とするデータの傾向を確認できることが特徴のひとつです。

3.2 最頻値を求める

第2章で使用したファイル「営業車使用年数 .xlsx」（☞ 15ページ）を使って、最頻値を求めていきます。

2　#N/A：該当なし。計算できない場合に表示されます。

① Excel を起動して、第 2 章で作成した「営業車使用年数.xlsx」を開きます。最頻値を表示するセル C23 を選択します。

	A	B	C	D
1				
2		●営業車の使用年数		
3		営業車番号	使用年数（年）	
4		1	11	
5		2	1	
6		3	10	
7		4	12	
8		5	2	
9		6	3	
10		7	10	
11		8	11	
12		9	2	
13		10	1	
14		11	12	
15		12	2	
16		13	11	
17		14	12	
18		15	8	
19		16	11	
20				
21		平均値	7	
22		中央値	10	
23		最頻値		

② ［ホーム］タブの［編集］グループにある［Σ オート SUM］の▼をクリックして、［その他の関数］を選択します。

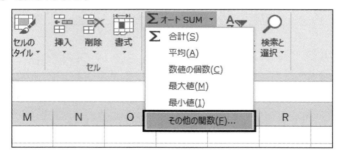

③ ［関数の挿入］ダイアログボックスが表示されたら、［関数の分類］リストから［統計］を選択します。

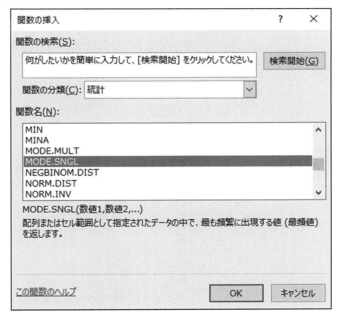

④ [関数名] の一覧から、最頻値の関数 [MODE.SNGL] を選択して、[OK] ボタンをクリックします。

⑤ [関数の引数] ダイアログボックスが表示されたら、「数値 1」の欄に使用年数のデータ範囲 C4:C19 を指定して、[OK] ボタンをクリックします。[数式バー] に「=MODE.SNGL（C4:C19）」と表示されていることを確認しましょう。

関数の引数

MODE.SNGL

数値1 C4:C19 　　= {11;1;10;12;2;3;10;11;2;1;12;2;1

数値2 　　= 配列

= 11

配列またはセル範囲として指定されたデータの中で、最も頻繁に出現する値（最頻値）を返します。

数値1: 数値1,数値2,... には最頻値を求めたい数値、または数値を含む名前、配列、
セル参照を 1 ～ 255 個まで指定できます。

数式の結果 = 11

この関数のヘルプ(H)　　　　　OK　　キャンセル

⑥ セル C23 に、使用年数の最頻値「11（年）」が求められました。このように Excel では、「最頻値＝ MODE.SNGL（セル範囲）」で求められます。

C23	▾	× ✓ fx	=MODE.SNGL(C4:C19)		

	A	B	C	D	E	F
1						
2		●営業車の使用年数				
3		営業車番号	使用年数（年）			
4		1	11			
5		2	1			
6		3	10			
7		4	12			
8		5	2			
9		6	3			
10		7	10			
11		8	11			
12		9	2			
13		10	1			
14		11	12			
15		12	2			
16		13	11			
17		14	12			
18		15	8			
19		16	11			
20						
21		平均値	7			
22		中央値	10			
23		最頻値	11			
24						

　今回、営業車の使用年数の最頻値は 11 年であり、現在ある営業車のなかで使用年数が 11 年の車がいちばん多いことを示しています。平均値は 7 年、中央値は 10 年ですが、最頻値を用いれば、さらに使用年数が古い営業車が多いと示すことができます（このケースは最頻値が平均値や中央値よりも大きい値になりましたが、場合によっては、最頻値のほうが小さい値になることもあります）。

3.3　中央値と最頻値の例

　ここで、平均値が必ずしも実態を表していないとされる典型的な例を示します。次の図は、総務省統計局が発表した平成 26 年度の家計調査です。二人以上の世帯のうち、勤労者世帯の貯蓄現在高の分布データを示しています。

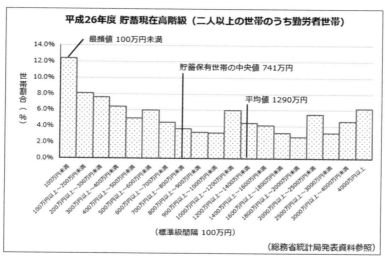

　貯蓄額の平均値は 1,290 万円、中央値は 741 万円、最頻値は 100 万円未満です。最頻値や中央値よりも平均値が明らかに大きいことがわかります。これは、貯蓄額が多い世帯の中に世帯数は少ないものの、その貯蓄額がはるかに大きい世帯があるためです。貯蓄の平均値が 1,290 万円と聞くと「みんな、そんなに貯金があるのか」とイメージしてしまいますが、最頻値を考えれば、貯蓄が 100 万円未満世帯の割合がいちばん大きく、中央値に着目しても、半分以上の世帯は貯蓄が 800 万円未満であることがわかります。このように貯蓄額の平均値のみでは、実態を正確に把握することが難しいといえるでしょう。

3.4　まとめ

　この章では、もっとも頻繁に出現する値である最頻値の求め方について説明しました。頻繁に出現する値がふたつ以上存在するときは、いちばん順番が早い値を最頻値として採用します。また、最頻値はモード（MODE）とも呼ばれており、Excel では「MODE.SNGL」関数を使って値を求めます。
　ビジネスの現場のデータ活用においては、営業車の事例や貯蓄額の世帯分布で示したように、平均値のみでは十分ではない場合が想定されます。データが多くなると、手で計算するのは面倒ですが、Excel を用いれば中央値や最頻値など多様なデータを計算し、ビジネスの現場で活用できるようになります。

章末問題

知識問題

最頻値について、次のなかから正しいものをひとつ選んでください。

1. 最頻値は、頻度がいちばん多い値である。

2. 最頻値は、平均値と同じ統計量である。

3. 最頻値は、最小値を2で割った値である。

4. 最頻値は、最大値から最小値を引いた値である。

操作問題

以下のデータは、ある観光地におけるレストラン（11店舗）のメニュー数を示したものです。最頻値を求めてください。

15、9、10、24、20、18、8、35、27、10、13

第4章 レンジ

Goal
- レンジの意味を説明できる。
- 与えられたデータからレンジを求めることができる。
- Excel の操作でレンジを求めることができる。

坂口さん：最近、不良品に関するクレームが多すぎます。人手があまりにも足りないので、来月は他部署から応援を呼ぶことはできないでしょうか？

山田部長：でも、先月は比較的余裕があったよね。来月はクレーム件数が減ったりしないかな？

坂口さん：たしかに、多くなると断言はできませんね。忙しいのは今だけかもしれませんし。

山田部長：クレーム件数の多い月と少ない月の振れ幅はどうなっているだろう。1年間でどのように変化しているかわかるかな？

坂口さん：4月と5月は毎年忙しいですね。でも、クレーム件数が年間をとおしてどのように変化しているか調べたことはありませんでした。

山田部長：それなら、レンジを使って年間のクレーム件数の振れ幅を調べてみよう。去年のデータはすぐにわかるかな？

坂口さん：はい、調べてみます。

このようにビジネスの現場においては、事前に顧客数、受注数などの**振れ幅**を把握して、対応策の検討を求められることがあります。Excel を用いて、振れ幅を簡単に求める方法を学びましょう。

4.1　レンジが何かを知る

レンジ（range） とは**範囲**という意味です。その名のとおり、データが分布している範囲です。レンジはデータの最大値から最小値を引いて求めることができます。

レンジ＝最大値－最小値

レンジは、データが分布している範囲の大きさを表す値です。たとえば、表 4.1 のデータが得られたとします。これはある会社のコールセンターへのクレーム件数を月ごとに示したものです。それでは、このデータのレンジを求めてみましょう。

表 4.1　各月のクレーム件数

月	クレーム件数
1 月	30
2 月	20
3 月	40
4 月	90
5 月	100
6 月	60
7 月	20
8 月	70
9 月	20
10 月	30
11 月	10
12 月	20

まず、データの大きさをわかりやすくするために、表 4.2 のように値が大きいものから順番に並べ替えます。

表 4.2　各月のクレーム件数（降順）

月	クレーム件数
5 月	100
4 月	90
8 月	70
6 月	60
3 月	40
1 月	30
10 月	30
2 月	20
7 月	20
9 月	20
12 月	20
11 月	10

　表 4.2 からわかるとおり、最大値は 5 月の「100」、最小値は 11 月の「10」です。つまり、このデータのレンジは以下の式で「90」と求めることができます。

$$100（最大値）- 10（最小値）= 90（レンジ）$$

　レンジを求めることで、データがどのような範囲で広がっているかが明らかになります。この会社のクレーム件数は 1 年の間に 90 回の幅のなかで推移していることがわかります。毎月のクレーム数の振れ幅を確認し、会社としてもクレーム対応に何人補充すべきかといった対策を考えることができます。

4.2　レンジを求める

　Excel を使ってレンジを求めてみましょう。表 4.3 はある部品の月ごとの受注数を表しています。この受注数のデータがどれぐらいの範囲で変動するのかを確認するためにレンジを求めます。

表 4.3 各月の受注数

月	受注数
1	340
2	400
3	560
4	550
5	480
6	320
7	610
8	590
9	380
10	620
11	650
12	550

① Excel を起動して、次の図のようにセル A1 ～ B13 にデータを入力します（この手順では、ファイルに名前を付けて保存する操作の説明は省いていますが、新規ブックを作成したらファイルに名前を付けて保存しておきましょう）。

	A	B	C	D	E	F	G
1	月	受注数					
2	1月	340					
3	2月	400					
4	3月	560					
5	4月	550					
6	5月	480					
7	6月	320					
8	7月	610					
9	8月	590					
10	9月	380					
11	10月	620					
12	11月	650					
13	12月	550					
14							
15							

② 最大値、最小値、範囲（レンジ）の値を表示するため、セル D11 ～ D13 に、「最大値」「最小値」「範囲」の文字列を入力します。

最大値を求めるには「MAX」[1] 関数、最小値を求めるには「MIN」[2] 関数を用います。

1　MAX 関数：マックス。指定したセル範囲や数値の最大値を求める関数です。

2　MIN 関数：ミニマム。指定したセル範囲や数値の最小値を求める関数です。

③ 最大値を表示するセル E11 を選択します。［ホーム］タブの［編集］グループにある［Σ オート SUM］ボタンの▼をクリックして、表示された一覧から［最大値］をクリックします。

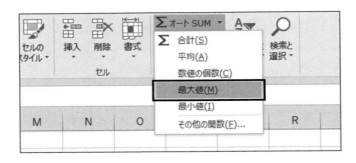

④ セル E11 に「=MAX（B11:D11）」が表示されます。

⑤ セル範囲 B2 〜 B13 をドラッグして選択しなおし、［Enter］キーを押します。セル E11 に最大値「650」が求められました。

　Excel には、上または左の隣接するセルにデータがある場合、計算する範囲（引数）を自動的に認識するという特徴があります。便利な機能ですが、念のため、必ず関数を挿入したセルの数式を見て計算する範囲を確認するとよいでしょう。

⑥ 同様に最小値も求めていきます。最小値を表示するセル E12 を選択します。

⑦ ③と同様に、[ホーム] タブの [編集] グループにある [Σ オート SUM] ボタンの▼をクリックして、表示された一覧から [最小値] をクリックします。

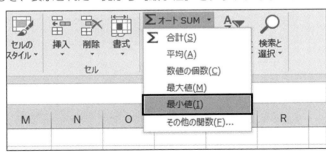

⑧ セル E12 に「=MIN（E11）」が表示されたら、セル範囲 B2 ～ B13 をドラッグして
選択しなおし、[Enter] キーを押します。セル E12 に最小値「320」が求められました。

E12	▼	:	×	✓	fx	=MIN(B2:B13)	

◢	A	B	C	D	E	F	G
1	**月**	**受注数**					
2	1月	340					
3	2月	400					
4	3月	560					
5	4月	550					
6	5月	480					
7	6月	320					
8	7月	610					
9	8月	590					
10	9月	380					
11	10月	620		**最大値**	650		
12	11月	650		**最小値**	320		
13	12月	550		**範囲**			
14							

⑨ 範囲（レンジ）を求めます。「レンジ＝最大値―最小値」ですので、Excel には自分で
数式を作成していきます。範囲を表示するセル E13 を選択します。

◢	A	B	C	D	E	F	G
1	**月**	**受注数**					
2	1月	340					
3	2月	400					
4	3月	560					
5	4月	550					
6	5月	480					
7	6月	320					
8	7月	610					
9	8月	590					
10	9月	380					
11	10月	620		**最大値**	650		
12	11月	650		**最小値**	320		
13	12月	550		**範囲**			
14							

⑩ セル E13 に「= E11 － E12」と入力して、[Enter] キーを押します。

	A	B	C	D	E	F	G
					fx =E11-E12		
1	月	受注数					
2	1月	340					
3	2月	400					
4	3月	560					
5	4月	550					
6	5月	480					
7	6月	320					
8	7月	610					
9	8月	590					
10	9月	380					
11	10月	620		最大値	650		
12	11月	650		最小値	320		
13	12月	550		範囲	=E11-E12		
14							

⑪ セル E13 には「330」が表示されます。これで最大値、最小値、範囲が Excel 上ですべて求められました。この「330」という値から、この会社の受注数は、年間 330 件の幅で変動があることがわかります。

	A	B	C	D	E	F	G
1	月	受注数					
2	1月	340					
3	2月	400					
4	3月	560					
5	4月	550					
6	5月	480					
7	6月	320					
8	7月	610					
9	8月	590					
10	9月	380					
11	10月	620		最大値	650		
12	11月	650		最小値	320		
13	12月	550		範囲	330		
14							

補足

4.2 では、レンジを求める際に、「MAX」関数と「MIN」関数を使用しました。「MAX」関数や「MIN」関数を挿入する方法は、本章で解説した方法以外にも第1章（1.2.4）で示した方法があります。

4.3 まとめ

この章では、データが分布している範囲を表す「レンジ」という統計量について説明しました。レンジはデータの最大値と最小値の差で求めることができます。Excelの操作では、「MAX」関数と「MIN」関数で最大値と最小値を出してからレンジを求めました。

レンジは、データ全体の範囲を確認することができます。ビジネスの現場において、さまざまなデータの範囲をあらかじめ把握して、対応策を検討することは重要です。

章末問題

知識問題

レンジについて、次のなかから正しいものをひとつ選んでください。

1. レンジを求めることで、データ全体の範囲を見ることができる。
2. レンジは、データの平均を表す統計量である。
3. レンジは、もっとも頻出するデータの値である。
4. レンジは、データの最大値と最小値の積で求めることができる。

操作問題

以下のデータは、ある店の1年間の来店者数を表しています。このデータのレンジを求めてください。

月	来店者数
1	560
2	320
3	624
4	670
5	770
6	650
7	890
8	220
9	456
10	560
11	534
12	290

第5章 標準偏差

> **Goal**
> ・標準偏差の意味を説明できる。
> ・Excel 関数を使ってデータの標準偏差を計算できる。
> ・標準偏差がビジネスにおいて何の役に立つかを理解できる。

社長：新しいビジネスを始めたいなあ。何かいい案はないか？

社員：他社で 1 か月の売上が平均 1,000 万円と想定されるビジネスがあります。

社長：それは悪くないかもしれないが、リスクも高いんじゃないか？ 月々の売上はどうなっている？

社員：月ごとの売上は大きく変動していて、500 万円の月もあるようです。

社長：売上に相当ばらつきがありそうだな。こういう場合は、標準偏差を使うと判断しやすいんだ。

社員：標準偏差とは何ですか？

社長：月々の売上が、平均からどれくらいばらついているかを示す値だ。その値が大きいほど、ばらつきの度合いが大きいことを意味している。そのビジネスの標準偏差を出してみてくれ。

社員：さっそく計算してみます。

社長：頼んだぞ！

このように売上の平均値が魅力的でも、ばらつきが大きくてビジネス上のリスク（不確実性）が高くないか検討することは経営判断として重要です。数多くのデータから、そのデータのばらつきの大きさを求める方法を学びましょう。

5.1　標準偏差が何かを知る

たとえば、翌月に商品をどれくらい発注すればよいか決めるとき、先月までの売上の平均値だけでなく、売上のばらつきもひとつの判断材料になります。売上のばらつきを表す指標は**標準偏差**を使って求めることができます。

Excel には、得られたデータから標準偏差を計算する関数が用意されています。しかし、標準偏差が何を意味しているのかを理解するためにも、まず「関数を用いない方法」を取りあげ、次に標準偏差を簡単に計算できる「関数を使った方法」を紹介します。

表 5.1 は、標準偏差の計算に用いる**偏差**と**分散**についての簡単な説明です。

表 5.1　偏差と分散

偏差	それぞれのデータとデータ全体の平均値との差
分散	偏差の 2 乗の平均値
標準偏差	分散の平方根

それぞれ一見すると難しい言葉ですが、計算自体は単純です。以下、月ごとの商品売上高をもとに、標準偏差を計算してみましょう。

ある商品の月ごとの売上高を表 5.2 に示します。

表 5.2　月別売上高

月	売上高（万円）
1 月	1,200
2 月	1,600
3 月	800
4 月	500
5 月	1,300
6 月	900
7 月	1,200
8 月	700
9 月	800
10 月	1,400
11 月	1,300
12 月	600

5.2　標準偏差を求める

●5.2.1　Excel 関数を使用しない方法

　関数を使用しない場合には、標準偏差の計算に用いる「偏差」と「分散」を求めます。その方法を説明します。

　① Excel を起動して、次の図のように、表 5.2 の売上高データを入力します。列 A に月、列 B に売上高を入力します（この手順のなかでは、ファイルに名前を付けて保存する操作の説明は省いていますが、新規ブックを作成したらファイルに名前を付けて保存しておきましょう）。

	A	B	C
1	売上高データ（万円）		
2	月	売上高	
3	1 月	1200	
4	2 月	1600	
5	3 月	800	
6	4 月	500	
7	5 月	1300	
8	6 月	900	
9	7 月	1200	
10	8 月	700	
11	9 月	800	
12	1 0 月	1400	
13	1 1 月	1300	
14	1 2 月	600	
15			

　② 標準偏差を求めるために、次の必要な項目を入力します。
　　　セル C2：「売上高と平均売上高の差（偏差）」
　　　セル D2：「偏差の 2 乗」
　　　セル A16：「売上高の平均」
　　　セル A17：「分散」
　　　セル A18：「標準偏差」

	A	B	C	D
1	売上高データ（万円）			
2	月	売上高	売上高と平均売上高の差（偏差）	偏差の2乗
3	１月	1200		
4	２月	1600		
5	３月	800		
6	４月	500		
7	５月	1300		
8	６月	900		
9	７月	1200		
10	８月	700		
11	９月	800		
12	１０月	1400		
13	１１月	1300		
14	１２月	600		
15				
16	売上高の平均			
17	分散			
18	標準偏差			

③ セル B16 を選択して、売上高データの平均値（☞ 7 ページ）を求めます。

④ ［ホーム］タブの［編集］グループにある［Σ オート SUM］ボタンの▼をクリックして、一覧から［平均］を選択します。

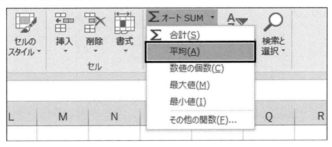

⑤ セル範囲 B3:B14 をドラッグして選択しなおし、[Enter] キーを押して売上高の平均
を表示します。

B16	▼	:	×	✓	fx	=AVERAGE(B3:B14)	

▲	A	B	C	D	
1	売上高データ（万円）				
2	月	売上高	売上高と平均売上高の差 （偏差）	偏差の2乗	
3	1月	1200			
4	2月	1600			
5	3月	800			
6	4月	500			
7	5月	1300			
8	6月	900			
9	7月	1200			
10	8月	700			
11	9月	800			
12	10月	1400			
13	11月	1300			
14	12月	600			
15					
16	売上高の平均	1025			
17	分散				
18	標準偏差				

⑥ 次に売上高の平均から、各月の売上高を引いた値を求めます。

⑦ セル C3 を選択し、「=B$16 − B3」[1] と入力して [Enter] キーを押します。

⑧ セル C3 を選択し、オートフィルでセル C14 まで数式をコピーします。これで各月の
「売上高の平均と売上高の差」が求められました。この値を「偏差」と呼びます。最終的
に求める標準偏差ではないことに注意してください。

---

1 セルの複合参照：セル番地の列番号または行番号のどちらか一方を固定して参照する方法です。固定する列ま
たは行番号の前に「$」を付けます。なお、本書では偏差を求める式を「平均値−各データ」で示しています。
一般的には「各データ−平均値」で求める式が多く紹介されますが、5章で学習する「標準偏差」の値に影響
はありません。

	C3		:	× ✓ fx	=B$16-B3	

▲	A	B	C	D
1	売上高データ（万円）			
2	月	売上高	売上高と平均売上高の差 （偏差）	偏差の2乗
3	1月	1200	-175	
4	2月	1600	-575	
5	3月	800	225	
6	4月	500	525	
7	5月	1300	-275	
8	6月	900	125	
9	7月	1200	-175	
10	8月	700	325	
11	9月	800	225	
12	10月	1400	-375	
13	11月	1300	-275	
14	12月	600	425	
15				
16	売上高の平均	1025		
17	分散			
18	標準偏差			

⑨ 次に「売上高平均と売上高の差」の2乗、つまり「偏差の2乗」を求めます。偏差は合計すると0になり、ばらつきの平均を計算できないため、2乗した値からばらつきの平均を求めます。セルD3を選択し、「=C3^2」と入力し、1月の「偏差の2乗」を求めます。

⑩ セル D3 を選択し、オートフィルでセル D14 まで数式をコピーして、各月の「偏差の2乗」を求めます。

D3		fx	=C3^2

	A	B	C	D
1	売上高データ（万円）			
2	月	売上高	売上高と平均売上高の差（偏差）	偏差の2乗
3	1月	1200	-175	30625
4	2月	1600	-575	330625
5	3月	800	225	50625
6	4月	500	525	275625
7	5月	1300	-275	75625
8	6月	900	125	15625
9	7月	1200	-175	30625
10	8月	700	325	105625
11	9月	800	225	50625
12	10月	1400	-375	140625
13	11月	1300	-275	75625
14	12月	600	425	180625
15				
16	売上高の平均	1025		
17	分散			
18	標準偏差			

⑪ セル B17 に「分散」を求めます。「分散」は月ごとの「偏差の2乗」を平均します。「AVERAGE」関数を挿入し、計算する範囲をセル範囲 D3:D14 に選択しなおします。

B17		fx	=AVERAGE(D3:D14)

	A	B	C	D
1	売上高データ（万円）			
2	月	売上高	売上高と平均売上高の差（偏差）	偏差の2乗
3	1月	1200	-175	30625
4	2月	1600	-575	330625
5	3月	800	225	50625
6	4月	500	525	275625
7	5月	1300	-275	75625
8	6月	900	125	15625
9	7月	1200	-175	30625
10	8月	700	325	105625
11	9月	800	225	50625
12	10月	1400	-375	140625
13	11月	1300	-275	75625
14	12月	600	425	180625
15				
16	売上高の平均	1025		
17	分散	113542		
18	標準偏差			
19				

第5章　標準偏差

44

分散の値で、月ごとの売上高のばらつきを知ることもできます。しかし、分散には単位がありません。「各売上高と平均の差の2乗値の平均」であり、元のデータと値が大きく異なることが多いため、どれくらいばらつきがあるかの判断が難しくなります。ばらつきの判断がしやすいように、分散を元のデータと比較しやすい値（単位のある値と呼ばれます）にしたものを「標準偏差」といいます。標準偏差は分散の平方根によって求められます。分散は偏差を2乗した値の平均なので、その2乗を元に戻すことでばらつきが理解しやすくなります。

⑫ セルB18を選択し、「=**SQRT**（B17）」[2]と入力して、[Enter] キーを押します。セルB18の値「337」が標準偏差です。

	A	B	C	D
	B18 ▼ : × ✓ fx =SQRT(B17)			
1	売上高データ（万円）			
2	月	売上高	売上高と平均売上高の差（偏差）	偏差の2乗
3	1月	1200	-175	30625
4	2月	1600	-575	330625
5	3月	800	225	50625
6	4月	500	525	275625
7	5月	1300	-275	75625
8	6月	900	125	15625
9	7月	1200	-175	30625
10	8月	700	325	105625
11	9月	800	225	50625
12	10月	1400	-375	140625
13	11月	1300	-275	75625
14	12月	600	425	180625
15				
16	売上高の平均	1025		
17	分散	113542		
18	標準偏差	337		
19				

　この例では、標準偏差により、12か月の間に「337万円」のばらつきがあるという解釈になります。

2　SQRT関数：スクエア・ルート。数値の平方根を返す関数です。

● 5.2.2　Excel 関数を使用する方法

5.2.1 では、標準偏差を「関数を使用しない方法」で求めましたが、この方法は少し手間がかかります。この点、Excel 関数を用いれば、簡単に標準偏差を計算することができます。標準偏差がどのようなものか理解できたら、Excel 関数を使って計算してみましょう。

標準偏差を求める関数には、以下の2種類があります。

　・STDEV.P[3] 関数
　・STDEV.S[4] 関数

この2種類の関数を使って標準偏差を求めましょう。

① 5.2.1 で入力したデータと同じデータを使用します。新しいワークシートにセル範囲 A1:B14 のデータをコピーしましょう。

	A	B	C
1	売上高データ（万円）		
2	月	売上高	
3	1月	1200	
4	2月	1600	
5	3月	800	
6	4月	500	
7	5月	1300	
8	6月	900	
9	7月	1200	
10	8月	700	
11	9月	800	
12	10月	1400	
13	11月	1300	
14	12月	600	
15			

② 標準偏差を求めるセルを用意します。今回は2種類の方法で求めるので、次の項目を入力します。

　　セル A16 に「標準偏差（STDEV.P）」
　　セル A17 に「標準偏差（STDEV.S）」

③ 「STDEV.P」関数で標準偏差を求めるため、セル B16 を選択します。

3　STDEV.P 関数：スタンダード・ディビエーション・ポピュレーション。データ全体の標準偏差を返す関数です。Excel 2007 以前のバージョンでは「STDEVP」関数を使用します。

4　STDEV.S 関数：スタンダード・ディビエーション・サンプル。データをサンプルと考え、そのデータから偏差の推定値を返す関数です。Excel 2007 以前のバージョンにはこの関数はありません。

④［数式］タブの［関数ライブラリ］グループにある［その他の関数］をクリックします。一覧の［統計］をクリックします。

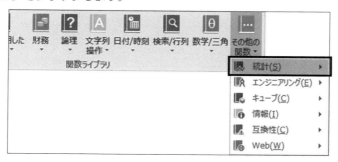

⑤［統計］の関数のリストから［STDEV.P］をクリックします。

⑥［関数の引数］ダイアログボックスが表示されたら、「数値1」にセル範囲 B3:B14 を指定します。

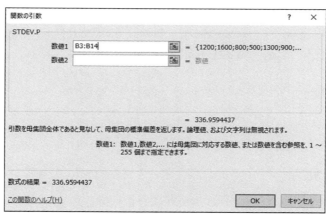

⑦［OK］ボタンをクリックすると、セル B16 に標準偏差「337」が表示されます。

	A	B
B16		=STDEV.P(B3:B14)

	A	B
1	売上高データ（万円）	
2	月	売上高
3	１月	1200
4	２月	1600
5	３月	800
6	４月	500
7	５月	1300
8	６月	900
9	７月	1200
10	８月	700
11	９月	800
12	１０月	1400
13	１１月	1300
14	１２月	600
15		
16	標準偏差（STDEV.P）	337
17	標準偏差（STDEV.S）	

⑧ 次に、「STDEV.S」関数を使用して標準偏差を求めます。

⑨ セル B17 を選択して、[数式] タブの [関数ライブラリ] グループにある [その他の関数] をクリックします。一覧から [統計] をクリックします。

⑩ [統計] の関数のリストから [STDEV.S] をクリックします。

⑪ [関数の引数] ダイアログボックスが表示されたら、「数値 1」にセル範囲 B3:B14 を指定します。

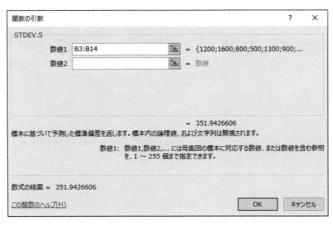

⑫ [OK] ボタンをクリックすると、セル B17 に標準偏差「352」が表示されます。

B17		× ✓ fx	=STDEV.S(B3:B14)	

▲	A	B	C
1	売上高データ（万円）		
2	月	売上高	
3	1月	1200	
4	2月	1600	
5	3月	800	
6	4月	500	
7	5月	1300	
8	6月	900	
9	7月	1200	
10	8月	700	
11	9月	800	
12	10月	1400	
13	11月	1300	
14	12月	600	
15			
16	標準偏差（STDEV.P）	337	
17	標準偏差（STDEV.S）	352	
18			

　標準偏差を求める関数として、「STDEV.P」関数と「STDEV.S」関数の2種類の使いかたを説明しました。このふたつの関数で結果の値が異なるのは、データの計算方法に違いがあるからです。STDEV.P関数は、1月から12月までの12か月のデータから5.2.1で示した手順のとおり計算しています。一方、STDEV.S関数は、1月から12月までの12か月のデータをサンプルと見なして計算します。この場合、分散を求める際に偏差の2乗値の合計をサンプル数から1を引いた値（この例では11）で割り算をして求めます。そのため、標準偏差の値は大きくなります。それぞれ出力される値が異なりますが、大きな差異がないため、ビジネスの現場で用いる場合には、どちらで計算しても問題ありません。統計学における厳密な意義を確認したい場合には専門書籍を参照してください。

5.3　まとめ

　この章では、標本のばらつき度合いを表す「標準偏差」という統計量について、「Excel関数を使用しない方法」と「Excel関数を使用する方法」の2通りの操作方法を説明しました。Excel関数を使用しない方法では、「分散」という統計量についても説明しました。関数を使用しない方法では、分散を求めるために平均から偏差を求め、さらに偏差の2乗を計算し、偏差の2乗の平均の平方根で標準偏差を求めるという手間のかかる方法でした。

　Excel関数を使用する方法では、STDEV.PとSTDEV.S関数を使って計算する方法があることを説明しました。ビジネスの現場においては、商品の売上や発注、在庫管理などで、その数値のばらつきという重要な指標を求めることができます。

5.4　Excelの分析機能「基本統計量」

　第1部「ビジネスデータ把握力」編では、平均値、中央値、最頻値、レンジ（範囲）、標準偏差の5つの統計量について学習しました。これらの統計量を別々に計算する場合は、第1章から第5章で勉強したExcelの操作方法を用いるのがよいでしょう。また、それぞれの値の意義を一から理解するうえで有効な方法だと考えられます。

　しかし、すでに統計に詳しい方、あるいは第5章までよく理解できたという方のために、第1部の補足として、一度に簡単に計算する方法である**基本統計量**というExcelの分析ツール[5] を紹介します。

　「基本統計量」を用いると、第1部で紹介した統計量を含め、表5.3のように16種類のデータを簡単に求めることができます。

表 5.3　基本統計量で求められるデータの種類

① **平均**	② 標準誤差	③ **中央値**	④ **最頻値**
⑤ **標準偏差**	⑥ 分散	⑦ 尖度	⑧ 歪度
⑨ **範囲**	⑩ 最小	⑪ 最大	⑫ 合計
⑬ 標本数	⑭ 最大値	⑮ 最小値	⑯ 信頼区間

（太字は章題にあるもの。下線は章内で解説した関数）

　それでは、月ごとの商品の売上高を用いて、「基本統計量」を求めてみましょう。

●5.4.1　分析ツールアドインを設定する

　「基本統計量」を用いるためには、Excelに「分析ツール」というアドインを追加する必要があります。

　① Excelを起動したら、［ファイル］タブをクリックして、左側のメニューの［オプション］をクリックします。

5　分析ツール：Excelで統計分析を行うためのツールです。

②［Excelのオプション］ダイアログボックスが表示されたら、左側のメニューの［アドイン］をクリックします。

③ ダイアログボックスの下部にある［管理（A）］に［Excelアドイン］が表示されていることを確認したら、［設定］ボタンをクリックします。

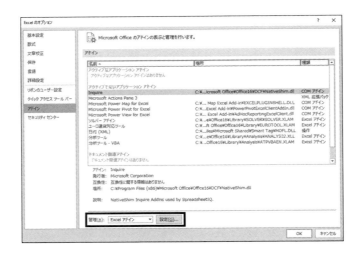

④ ［アドイン］ダイアログボックスが表示されたら、［分析ツール］にチェックを入れて［OK］ボタンをクリックします。

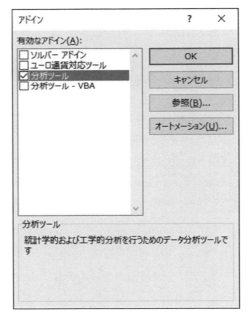

⑤ ①の画面に戻ったら、［←］ボタンをクリックしてワークシートに戻り、［データ］タブを選択します。

⑥ ［データ］タブの右端に［分析］グループが追加され、［データ分析］ボタンが表示されていれば、事前の準備は完了です。

●5.4.2 基本統計量を使用する

① 5.2で使用した例題を利用するので、新しいシートのセルA1～B14に売上高データをコピーします。

	A	B	C
1	売上高データ（万円）		
2	月	売上高	
3	1月	1200	
4	2月	1600	
5	3月	800	
6	4月	500	
7	5月	1300	
8	6月	900	
9	7月	1200	
10	8月	700	
11	9月	800	
12	10月	1400	
13	11月	1300	
14	12月	600	
15			

② ［データ］タブの［分析］グループにある［データ分析］をクリックします。

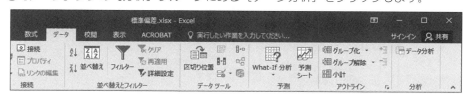

③ ［データ分析］ダイアログボックスが表示されたら、「基本統計量」を選択して［OK］ボタンをクリックします。

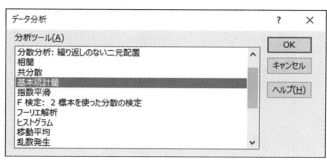

④ ［基本統計量］ダイアログボックスが表示されます。

⑤「入力範囲（I）」にセル範囲 B3:B14 を指定します。

⑥「出力先（O）」を選択して、セル D1 を指定します。

⑦「統計情報（S）」「平均の信頼度の出力（N）」「K 番目に大きな値（A）」「K 番目に小さな値（M）」にチェックを入れます。数字は既定の値のまま使用します。

⑧ [OK] ボタンをクリックします。

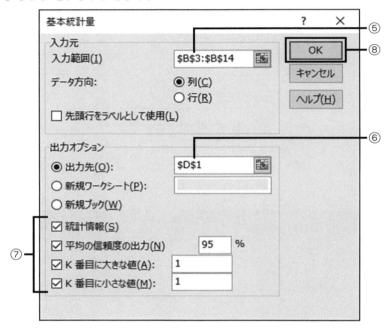

⑨ 表5.3の値が、次の図のように表示されます。

	A	B	C	D	E
1	売上高データ（万円）			列1	
2	月	売上高			
3	1月	1200		平均	1025
4	2月	1600		標準誤差	101.597
5	3月	800		中央値（メジアン）	1050
6	4月	500		最頻値（モード）	1200
7	5月	1300		標準偏差	351.943
8	6月	900		分散	123864
9	7月	1200		尖度	-1.2857
10	8月	700		歪度	0.0366
11	9月	800		範囲	1100
12	10月	1400		最小	500
13	11月	1300		最大	1600
14	12月	600		合計	12300
15				データの個数	12
16				最大値(1)	1600
17				最小値(1)	500
18				信頼度(95.0%)(95.0%)	223.614
19					

　このように、「基本統計量」を用いることで16種類の統計量を簡単に計算できます。特に、求めたい統計量が複数ある場合は、ここで解説した方法を用いると便利です。

章末問題

知識問題

標準偏差について、次のなかから正しいものをひとつ選んでください。

1. 標準偏差は、データの最大値と最小値との差を表す。

2. 標準偏差は、データのばらつきの度合いを表す。

3. 標準偏差は、データのサンプル数の総和を表す。

4. 標準偏差は、データの平均を表す。

操作問題

あるラーメン店の1週間の来店者数から、以下の問いに答えてください。

曜日	来店者数（人）
日	205
月	78
火	68
水	102
木	98
金	256
土	229

来店者数の標準偏差として、もっとも近い値を選択してください。

1. 100

2. 120

3. 70

4. 180

②

ビジネス課題
発見力 編

第6章 外れ値の検出

> **Goal**
> ・外れ値の意味を説明できる。
> ・散布図において、近似曲線を使って外れ値を検出できる。
> ・折れ線グラフに補助線を引き、外れ値を検出できる。

作業員：最近、納品先から不良品が多いと苦情が多くて困っています。

工場長：具体的には、どのようなことかな？

作業員：先月、規格の重さから大きく外れた部品が工場で多く生産されたのですが、不良品として選別できず、納品してしまいました。

工場長：不良品は異質な値のようなものだ。たとえば、重さ100グラムの部品の規格では重さの許容誤差は1パーセント、つまり99～101グラムまでは納品先に納品してもよいことになっている。もし105グラムの部品がつくられたら、どうするかな？

作業員：すぐに処分します。

工場長：そうだね。このように定められた範囲から外れていて対象データとして扱わない値のことを統計学では外れ値と呼んでいる。だから、担当する検品のなかで99～101グラム以外の部品がつくられたら、作業員に知らせるようにしたらよいかもしれないね。

作業員：わかりました。ありがとうございます。

このように、想定される範囲から大きく外れた値（外れ値）は、不良品の検査などで活用されます。また外れ値がデータに含まれると、データを正しく解釈できない可能性が高くなるので事前に検出し、必要に応じて取り除く必要があります。

6.1　外れ値が何かを知る

　統計学では、さまざまなデータを分布図やヒストグラム（☞ 75 ページ）などで視覚化して分析することがよくあります。データをグラフ化すると、ほかのデータと比べて異常な値が見つかる場合があります。このように、想定された範囲から大きく異なる値のことを、**外れ値**と呼びます（図 6.1）。外れ値が発生する理由に、データの入力ミス、測定されたデータが間違っている、重大な異常が隠れているなどが考えられます。

　外れ値でもっとも問題になるのが、異常な値のデータを外れ値と見なして除外するか、データの一部として採用するのかという点です。このとき重要なのが、外れ値にするかどうかの判断基準となる指標です。指標となる範囲を設けることで、その範囲内は正しい値で、範囲外は異常な値として除外するという判断が可能になります。

　たとえば、あなたがリンゴを栽培する農家で、収穫したリンゴのうち、ほとんどが赤かったのに対し、一部は青みがかっていたとします。ほかとは異なるリンゴを出荷するか廃棄するかをどう判断するか、そしてその判断基準（指標）の根拠となるのが外れ値です。

図 6.1　外れ値の例

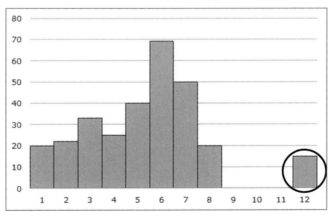

6.2　散布図の外れ値を検出する

散布図を用いて外れ値の検出を行います。図6.2の散布図を見てみましょう。データが右肩上がりに分布しており、一定の特性（正の相関）[1]を持つデータであることがわかります。

図6.2　散布図の外れ値

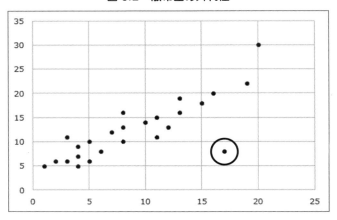

この図の丸で囲んだデータに注目してください。視覚的に、このデータだけがほかとは異なるデータであることがうかがえます。

例題をもとに散布図を作成してみましょう。

●6.2.1　散布図を作成する

次の表6.1に示す25組のデータを、Excelワークシートに入力します。ここでは列A、列Bにデータを入力したものとして、解説を進めます。

---

[1] 正の相関：一方が増加すればもう一方も増加し、一方が減少すればもう一方も減少する関係。グラフではx（横軸）の値が増加するとy（縦軸）の値も増加するといった右肩上がりの場合を意味します。

表 6.1 散布図データ

X	Y
1	5
2	6
3	6
3	11
4	5
4	7
4	9
5	6
5	10
6	9
7	12
8	10
8	13
8	16
10	14
11	11
11	15
12	13
13	16
13	19
15	18
16	20
17	8
19	22
20	30

第6章

6・2 散布図の外れ値を検出する

61

① ワークシートにデータを入力し、セル範囲 A2:B26 をドラッグして範囲を選択します。

	A	B	C	D
1	X	Y		
2	1	5		
3	2	6		
4	3	6		
5	3	11		
6	4	5		
7	4	7		
8	4	9		
9	5	6		
10	5	10		
11	6	9		
12	7	12		
13	8	10		

② ［挿入］タブの［グラフ］グループにある［散布図またはバブルチャートの挿入］をクリックします。［散布図］に分類されている左上のアイコン（散布図）をクリックします。

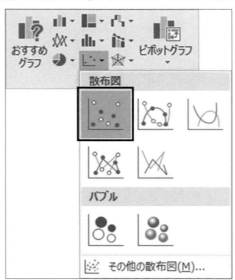

③ 図 6.2 と同じ散布図が挿入されます。

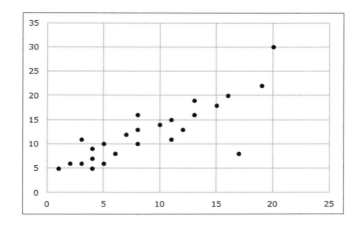

● 6.2.2　近似曲線を挿入する

　作成した散布図は、図 6.2 と同じものなので明らかにほかと異なるデータが存在しているはずです。このように、外れ値の可能性があるデータが見つかった際に有効なツールが**近似曲線**です。近似曲線は、全体のデータの傾向を見るための指標となる補助線の役目を果たします。散布図に近似曲線を挿入してみましょう。

　① 作成したグラフを選択してください（選択する位置はどこでもかまいません）。グラフの右上に 3 つのアイコンが表示されたら、いちばん上の［グラフ要素］アイコン（［+］マーク）をクリックします[2]。

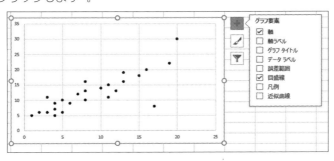

2　Excel2010 で近似曲線を挿入する場合は、グラフを選択した状態で［グラフツール］の［レイアウト］タブ＞［分析］グループ＞［近似曲線］＞［線形近似曲線］をクリックします。

② 展開されたメニューの一覧の［近似曲線］にチェックを入れます。

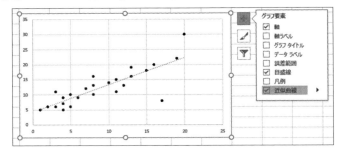

③ 散布図内に近似曲線が追加されます。

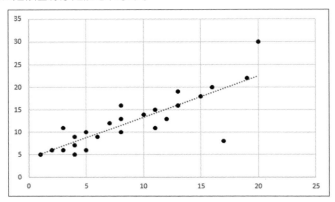

　これでデータのばらつきの様子が把握できます。近似曲線から y 軸の値が 10 以上離れた値を外れ値と定義すると、右下の値は外れ値と判断できます。
　このように、外れ値を検出するにはデータ全体の傾向を調べることが重要です。その傾向を調べる手法のひとつが近似曲線です。全体の基準となる指標を設けることで、ほかの値の傾向とは異なる値を把握しやすくなり、外れ値の検出が容易になります。

6.3 折れ線グラフの外れ値を検出する

折れ線グラフにおける外れ値の検出を行います。ある会社の1年間の製品の月別受注数をまとめたデータ（表6.2）を例に説明します。

表 6.2　月別受注数

月	受注数
1月	50
2月	60
3月	55
4月	70
5月	82
6月	75
7月	20
8月	60
9月	80
10月	130
11月	77
12月	65

受注数が40を下回るデータと受注数が120を上回るデータを異常な値として別途報告書をまとめる場合、40～120までの範囲とそれ以外の値を分けて調べる必要があります。

次の図6.3は、年間の受注数の変化を折れ線グラフで視覚化したものです。この折れ線グラフに補助線を挿入して、視覚的に範囲内のデータと範囲外のデータを区別できるようにしていきます。

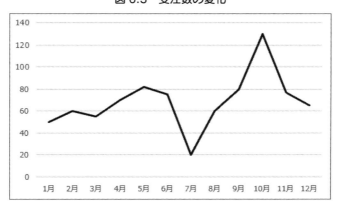

図 6.3　受注数の変化

●6.3.1 折れ線グラフに補助線を挿入する

Excel ワークシートに表 6.2 のデータを入力します。列 A と列 B にデータを入力したものとして、解説を進めます。

① 月ごとの受注数のデータを入力します。

	A	B
1	月	受注数
2	1月	50
3	2月	60
4	3月	55
5	4月	70
6	5月	82
7	6月	75
8	7月	20
9	8月	60
10	9月	80
11	10月	130
12	11月	77
13	12月	65
14		

② 40 ～ 120 の範囲を設定します。列 C に最低基準となる値「40」を、列 D に最高基準となる値「120」を次の図のように入力します。

	A	B	C	D
1	月	受注数	最低基準	最高基準
2	1月	50	40	120
3	2月	60	40	120
4	3月	55	40	120
5	4月	70	40	120
6	5月	82	40	120
7	6月	75	40	120
8	7月	20	40	120
9	8月	60	40	120
10	9月	80	40	120
11	10月	130	40	120
12	11月	77	40	120
13	12月	65	40	120

③ セル A2 〜 D13 を選択します。

	A	B	C	D	E
1	月	受注数	最低基準	最高基準	
2	1月	50	40	120	
3	2月	60	40	120	
4	3月	55	40	120	
5	4月	70	40	120	
6	5月	82	40	120	
7	6月	75	40	120	
8	7月	20	40	120	
9	8月	60	40	120	
10	9月	80	40	120	
11	10月	130	40	120	
12	11月	77	40	120	
13	12月	65	40	120	
14					

④［挿入］タブの［グラフ］グループにある［折れ線／面グラフの挿入］をクリックします。［2-D 折れ線］に分類されている［折れ線］を選択します。

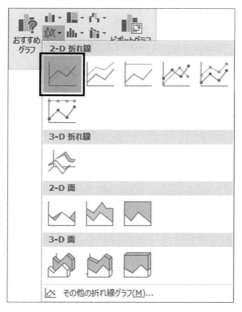

⑤ 次の図のような折れ線グラフが作成されます。

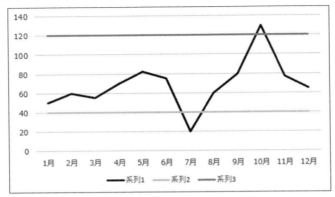

　Excelでは、40と120の値はグラフのデータ系列のひとつとして認識されていますが、月別受注数に対する指標を示した補助線のような役割も果たしており、視覚的な外れ値の検出が容易になります。

　このように補助線を追加することによって、指標に対してデータがどのように変化しているか、そして範囲外となるデータがどの位置に存在するのかといったデータ全体の様子を把握できます。ここでは、7月と10月が範囲外となっていることが一目で確認できました。

6.4　まとめ

　この章では、外れ値について説明しました。外れ値が存在するとデータの解釈を誤る可能性があるため、外れ値の検出が重要になります。ここでは散布図や折れ線グラフに対して近似曲線や補助線を挿入し、外れ値を検出する方法を説明しました。とくに、Excelには折れ線グラフに指標となる範囲を設定する機能がないため、解説した方法で範囲を設定し、補助線として視覚化するテクニックを覚えておくとよいでしょう。

　ビジネスにおいても、仕事で扱うデータから正しい解釈を導くため、外れ値の検出は重要な意味を持ちます。

章末問題

知識問題

外れ値について、次のなかから誤っているものをひとつ選んでください。

1. 外れ値は、ほかの大多数のデータとは異なる異質なデータである。

2. 外れ値は、データの入力ミスなどによって発生することがある。

3. 外れ値は、必ずデータの最小値である。

4. 散布図では、近似曲線を用いることで外れ値を検出することができる。

操作問題

以下のデータは、ある部品工場における部品の重量を表しています。重量が 12.0 ～ 12.8[kg] 以外の部品を外れ値として出荷しない場合、外れ値となる製造番号を答えてください。

製造番号	A01	A02	A03	A04	A05	A06	A07
重量 [Kg]	12.5	12.1	12.6	12.5	12.3	12.9	12.2

第7章 度数分布表

Goal
- 度数分布表の意味を説明できる。
- 標本データから度数分布表を作成できる。
- 度数分布表からヒストグラムを作成できる。

上田さん：うちの会社は20の部署があって、合計で600人の社員がいるよね。部署ごとの社員人数が一目でわかるようにできる方法はないかな？

中村さん：どの部署に人が偏っているのかわかると便利だね。グラフにすれば見やすくなるかな。

上田さん：そうだね。データをグラフにするには、どうしたらいいだろう。

中村さん：表にまとめるとか？

上田さん：表には何をまとめればいいかな？ 少なくとも、部署と所属する人数は必要だろうし……

中村さん：うーん。あっ、小川課長だ。

小川課長：何か悩んでいるみたいだけど、どうしたんだい？

上田さん：会社の部署別人数を一目でわかるようにしたいのですが、よい方法はないでしょうか？

小川課長：それなら、度数分布表をもとにヒストグラムを作成するといいね。

このように、データは入手できたものの、どのように分析すればよいかわからない場面は多くあります。第1章で学習した平均値や最大値、中央値などを求める以外にも、データから度数分布表を作成してみるとよいでしょう。さらに、度数分布表に基づいてヒストグラムを作成すれば、データに含まれる偏りを一目で把握できるようになります。

7.1　度数分布表が何かを知る

度数とは、特定のあるデータの個数のことであり、度数をまとめて表形式にしたものを**度数分布表**といいます。データを並べるだけでは、数値の羅列にすぎません。そのため、取得したデータをグラフにすることで、データがどのようにばらついているかを視覚的に認識しやすくなります。

度数分布表から、データの分布状況を調べることを可能にするグラフをヒストグラムといいます。度数分布表はヒストグラムを作成するために必要な表です。

7.2　度数分布表を作成する

ある機械系メーカーの部門別の人数を例に、度数分布表とヒストグラムを作成していきます。表 7.1 は、部署別の従業員数を表にしたものですが、度数分布表ではありません。度数分布表には、階級、度数、相対度数、累積度数、累積相対度数と呼ばれるものが必要になります。

表 7.1 のデータを Excel ワークシートに入力します。ここでは、列 A と列 B にデータを入力したものとして、解説を進めます。

表 7.1　部署別の従業員数

部署	従業員数
総務部	10
人事部	10
法務部	20
経理部	15
財務部	30
戦略部	10
広報促進部	35
販売促進部	25
広報部	45
企画部	30
技術部	75
開発部	50
製造部	60
研究開発部	25
調達部	15
流通部	5
資材部	20
営業部	55
営業推進部	50
購買部	15
合計	600

① 列 D に**階級**を作成します。階級とは、得られたデータを一定の値でグループ分けしたものです。この部署別のデータから、最少人数は流通部の 5 人、最多人数は技術部の 75 人になるので 0 ～ 79 を 10 人ずつに区切って階級をつくります。

　セル D1 に「階級」を入力します。セル D2 に「0 ～ 9」、セル D3 に「10 ～ 19」、最後にセル D9 が「70 ～ 79」となるように階級のデータを作成します。

	A	B	C	D	E	F
1	部署	従業員数		階級		
2	総務部	10		0～9		
3	人事部	10		10～19		
4	法務部	20		20～29		
5	経理部	15		30～39		
6	財務部	30		40～49		
7	戦略部	10		50～59		
8	広報促進部	35		60～69		
9	販売促進部	25		70～79		
10	広報部	45				
11	企画部	30				

② 列Eに**度数**を作成します。度数とはデータの個数を表します。度数分布表では、階級として区切られたグループ内にデータがいくつあるかを表す値です。たとえば、従業員9人以下の部署は流通部のみですから、階級「0～9」の度数は「1」になります。同様にほかの階級も度数を入力していきましょう。

	A	B	C	D	E	F
1	部署	従業員数		階級	度数	
2	総務部	10		0～9	1	
3	人事部	10		10～19	6	
4	法務部	20		20～29	4	
5	経理部	15		30～39	3	
6	財務部	30		40～49	1	
7	戦略部	10		50～59	3	
8	広報促進部	35		60～69	1	
9	販売促進部	25		70～79	1	
10	広報部	45				
11	企画部	30				

③ 列Fに**相対度数**を作成します。相対度数とは、データ全体から見た度数の相対的な割合を示す値です。各階級の度数を度数の合計で割ることで相対度数を出します。

たとえば、袋のなかにリンゴが3つ、梨が2つ、オレンジが1つ、合計6つの果物が入っているとします。袋のなかにあるリンゴの割合を調べるには、リンゴの数（3個）÷果物の合計数で出します。数式に表すと、3÷6＝0.5です。この値は合計の果物を1と考えた場合の値で、つまり百分率（パーセント）で表すと50パーセントがリンゴということになります。

今度は部署で考えてみましょう。度数の合計は「20」ですから、従業員数が10～19人の部署の相対度数は、6÷20＝0.3、相対度数は「0.3」になります。同様にほかの部署も計算しましょう。

セルF2に「=E2/20」を入力して、[Enter] キーを押します。計算結果が表示されたらセルF2を選択し、オートフィルでセルF9まで数式をコピーします。

F9		× ✓ fx	=E9/20				
	A	B	C	D	E	F	G
1	部署	従業員数		階級	度数	相対度数	
2	総務部	10		0～9	1	0.05	
3	人事部	10		10～19	6	0.3	
4	法務部	20		20～29	4	0.2	
5	経理部	15		30～39	3	0.15	
6	財務部	30		40～49	1	0.05	
7	戦略部	10		50～59	3	0.15	
8	広報促進部	35		60～69	1	0.05	
9	販売促進部	25		70～79	1	0.05	
10	広報部	45					
11	企画部	30					

④ 列 G に**累積度数**を作成します。累積度数は、度数を最初の階級からある階級まで順に加算した値です。たとえば、30 〜 39 の階級の累積度数は 1 + 6 + 4 + 3 = 14 となります。階級 0 〜 9 は、最初の階級になるので、累積する値はありません。

　セル G2 には「=E2」を入力します。階級 10 〜 19 以降は、前の階級の累積度数に度数を加算します。G3 に「=G2+E3」と入力し、[Enter] キーを押します。計算結果が表示されたら、セル G3 を選択し、オートフィルでセル G9 まで数式をコピーします。

	G9	▼	:	×	✓	fx	=G8+E9		
	A	B	C	D	E	F	G	H	
1	部署	従業員数		階級	度数	相対度数	累積度数		
2	総務部	10		0〜9	1	0.05	1		
3	人事部	10		10〜19	6	0.3	7		
4	法務部	20		20〜29	4	0.2	11		
5	経理部	15		30〜39	3	0.15	14		
6	財務部	30		40〜49	1	0.05	15		
7	戦略部	10		50〜59	3	0.15	18		
8	広報促進部	35		60〜69	1	0.05	19		
9	販売促進部	25		70〜79	1	0.05	20		
10	広報部	45							
11	企画部	30							

⑤ 列 H に**累積相対度数**を作成します。累積相対度数は、累積度数と同様で最初の階級からある階級までの相対度数を加算した値です。④で累積度数を求めた方法で、累積相対度数を求めましょう。

		:	×	✓	fx	=H8+F9		
	B	C	D	E	F	G	H	
	従業員数		階級	度数	相対度数	累積度数	累積相対度数	
	10		0〜9	1	0.05	1	0.05	
	10		10〜19	6	0.3	7	0.35	
	20		20〜29	4	0.2	11	0.55	
	15		30〜39	3	0.15	14	0.7	
	30		40〜49	1	0.05	15	0.75	
	10		50〜59	3	0.15	18	0.9	
	35		60〜69	1	0.05	19	0.95	
	25		70〜79	1	0.05	20	1	
	45							
	30							

これで、度数分布表は完成です。次に、ヒストグラムを作成していきましょう。

7.3 ヒストグラムが何かを知る

ヒストグラムとは、度数分布表のデータをグラフで表示したものです。人口に占める年齢層の割合など、一度は目にしたことがあると思います。ヒストグラムと似たものに棒グラフがありますが、このふたつは異なる性質のグラフです。ヒストグラムは隣りあうデータの柱が隙間なく隣接しているのに対し、棒グラフはデータの柱同士が離れていて、データの大小を比較するグラフです。対象となるデータから適切なグラフの種類を選ぶことが必要です。

ヒストグラムは、データの散らばりかたやまとまりかた、中心位置がどこにあるのかといった情報を視覚的に見やすくするのが最大の特徴です。ヒストグラムでデータ分析する際は、以下の点に注意しましょう。

・データの山の数はどうか

次ページの図 7.1 のヒストグラムは山の数がひとつであるのに対し、図 7.2 では山の数がふたつあります。山の数はデータを分析する際の重要なポイントで、山がふたつ以上ある場合は、異なる性質を持つデータが混在している可能性があります。

・対称かどうか

ヒストグラムが左右対称か左右非対称かどうかを確認します。左右対称の場合は、検定や推定[1] で用いられる正規分布[2] にあてはめることができます。

・データの中心位置はどこか

データの中心位置を知ることは統計学における重要なポイントです。ヒストグラムを見ることで、データのおおよその中心を知ることができます。

・ばらつきはどの程度か

ヒストグラムによって全体のばらつきも知ることができます。

・外れ値はあるか

ヒストグラムを観察し、ほかのデータと比べて明らかにかけ離れた値を示しているデータが存在する場合、外れ値である可能性があります。図 7.3 はほかのデータよりかけ離れた値として、15 があることが一目で確認できます。

1　検定や推定：統計学における分析手法です。検定は、観測データの母集団に対して仮説が成り立つかどうかを判断する手法です。推定は、観測データの母集団の統計的性質について推測する手法です。

2　正規分布：統計学の基本となる連続確率分布であり、左右対称の釣鐘型の分布形をしています。

図 7.1 ヒストグラム（一山型）

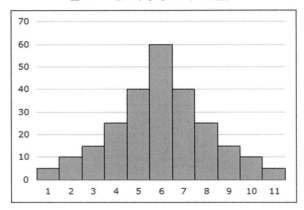

図 7.2 ヒストグラム（二山型）

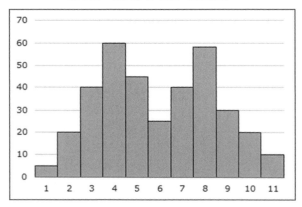

図 7.3 外れ値のあるヒストグラム

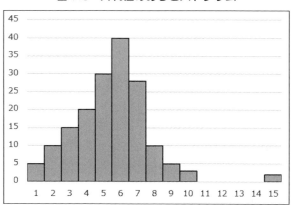

7.4 ヒストグラムを作成する

7.2 で作成した部署別従業員数の度数分布表をもとに、ヒストグラムを作成しましょう。

① ヒストグラムにするデータ範囲を選択します。ヒストグラムにするには階級と度数が必要になるので、セル範囲 D1:E9 を選択します。

B	C	D	E	F	G
従業員数		階級	度数	相対度数	累積度数
10		0〜9	1	0.05	
10		10〜19	6	0.3	
20		20〜29	4	0.2	1
15		30〜39	3	0.15	1
30		40〜49	1	0.05	1
10		50〜59	3	0.15	1
35		60〜69	1	0.05	1
25		70〜79	1	0.05	2
45					

② [挿入] タブの [グラフ] グループにある [縦棒/横棒グラフの挿入] をクリックします。[2-D 縦棒] に分類されている [集合縦棒] アイコンをクリックします。階級ごとの度数を示したグラフができますが、これではヒストグラムは完成していません[3]。

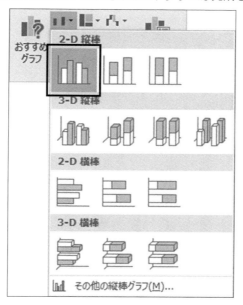

---

[3] Excel 2016 では、[挿入] タブ＞[グラフ] グループ＞[統計グラフの挿入] からもヒストグラムを挿入できますが、本書では Excel 2010 バージョンでも行える操作方法で解説しています。

③ 棒グラフがワークシート上に挿入されます。グラフの配置は自由に変更してください。

	A	B	C	D	E	F	G	H
1	部署	従業員数		階級	度数	相対度数	累積度数	累積相対度数
2	総務部	10		0～9	1	0.05	1	0.05
3	人事部	10		10～19	6	0.3	7	0.35
4	法務部	20		20～29	4	0.2	11	0.55
5	経理部	15		30～39	3	0.15	14	0.7
6	財務部	30		40～49	1	0.05	15	0.75
7	戦略部	10		50～59	3	0.15	18	0.9
8	広報促進部	35		60～69	1	0.05	19	0.95
9	販売促進部	25		70～79	1	0.05	20	1
10	広報部	45						
11	企画部	30						
12	技術部	75						
13	開発部	50						
14	製造部	60						
15	研究開発部	25						
16	調達部	15						
17	流通部	5						
18	資材部	20						
19	営業部	55						
20	営業推進部	50						
21	購買部	15						
22	合計	600						

④「度数」と表示されているグラフのタイトルを変更します。グラフタイトル「度数」をクリックして選択し、タイトルを「部署別従業員数」にします。

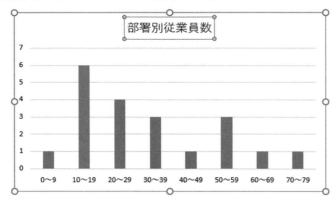

⑤ 階級は 0～79 まで連続したデータなので、グラフの間隔はあけません。グラフの間隔を変更するには、任意の縦棒グラフ（データ系列）をクリックします。棒グラフのまわりに「○」記号が表示されていたら、データ系列が選択されていることを示しています。

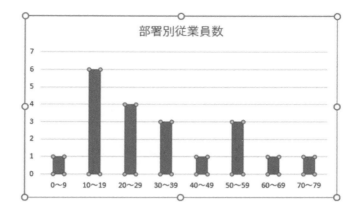

⑥ データ系列を選択した状態で［右クリック］をして、メニューから［データ系列の書式設定］を選択します。「データ系列の書式設定」オプションが開くので、［要素の間隔］のスライダーを「0%」までドラッグするか、「0」を入力します。グラフの系列間の間隔がなくなります。

⑦ グラフの軸ラベルを作成します。軸ラベルはグラフの軸が何の値を表すのかを示すための見出しです。このヒストグラムでは、横軸を「部署別従業員数」、縦軸を「度数」に変更します。

　グラフを選択した状態で［グラフツール］の［デザイン］タブにある［グラフ要素を追加］から［軸ラベル］を選択します。表示されるメニューの第1横軸は横軸のラベル、第1縦軸は縦軸を表すので、それぞれ選択して軸ラベルを変更します。

⑧ 次の図と同じヒストグラムが作成されます。

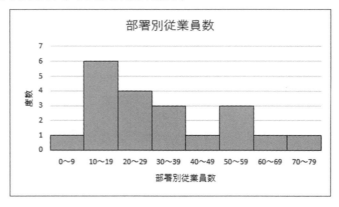

　ヒストグラムにすることで、数値だけを羅列した度数分布表より、一目で全体のデータのばらつきを知ることができます。度数分布表とヒストグラムは、統計学において重要な手法ですので、マスターしておくとよいでしょう。

7.5 まとめ

　この章では、度数分布表とヒストグラムについて説明しました。特定のデータを階級で区切り、その階級に属しているデータの数（度数）をまとめて表形式にしたものが度数分布表です。度数分布表には、データ数全体の各階級が占める割合を示す相対度数、度数を累積した累積度数、さらには累積相対度数が必要で、その作成方法を学習しました。

　ヒストグラムは、度数分布表をもとにデータを視覚的に見やすくしたグラフです。また、ヒストグラムは連続的なデータの分析を行うものであり、全体のばらつきや中心位置がどこかといった分析に適しています。

　ビジネスにおいても、データ全体の分布を把握するため、度数分布表を使って整理したり、視覚的に把握するためにヒストグラムを利用してみるとよいでしょう。

章末問題

- -

知識問題

　度数分布表について、次のなかから正しいものをひとつ選んでください。

1. 度数分布表は、散布図を作成するのに適している。

2. 階級は、必ず 10 単位で区切る必要がある。

3. 度数とは、特定のあるデータの個数を意味する統計量である。

4. 相対度数とは、平均値と同じ意味を表す統計量である。

操作問題

　以下の度数分布表の空欄 A と B にあてはまる値を求めてください。

階級	度数	相対度数	累積度数	累積相対度数
0〜9	2	0.08	2	0.08
10〜19	4	0.16	6	0.24
20〜29	6	0.24	12	0.48
30〜39	5	0.2	17	0.68
40〜49	4	0.16	A	0.84
50〜59	3	0.12	24	B
60〜69	1	0.04	25	1

第8章 標準化

Goal
- 標準偏差を用いた標準化の意味を説明できる。
- 標本データから標準偏差を計算し、標準化の統計処理を行うことができる。
- 標準偏差を用いた標準化がビジネスのどのような場面で役立つのかを理解できる。

社長：今年は支店によって売上の差が激しいなあ。支店ごとに、販売中止の商品を増やすしかないな。

部長：標準偏差を使って、売上のばらつきが大きい商品の販売を中止してはどうでしょう？

社長：商品ごとに売上額が数十万円のものから数億円のものまであるから、比較は難しくないか？ 売上額が小さいものと大きいものでは、大きいほうが標準偏差も大きくなるだろう。

部長：そのような場合は標準化することで、売上額の桁が異なる商品でも比較できます。

社長：ではさっそく、3つの商品を標準化して比較してみてくれ。

部長：わかりました。

このように、売上額の桁が異なるものは、その平均売上額と標準偏差の桁も異なります。標準化とは、平均値の基準を 0、標準偏差の基準を 1 となるように変換することをいいます。標準化することで、売上額の桁の異なる商品を簡単に比較することができます。

8.1　標準化が何かを知る

標準化とは、さまざまなデータを統計学的に見やすくする方法です。計算には、売上高などのデータとその平均、標準偏差を使います。第 5 章で月ごとの売上高から平均と標準偏差を計算しました。標準化では平均「0」、標準偏差「1」が基準になるようにデータを変換します。このような変換を行うことで、多くのデータを見る際により見やすくなり、統計的な計算・比較がしやすくなります。

たとえば、次の表 8.1 のような売上高が異なる 3 つの商品（A：約 50 万円、B：約 10 億円、C：約 1 億円）を比較するとします。

表 8.1　商品売上高データ（標準化前）

商品 / 支店	売上高（万円）商品 A	売上高（億円）商品 B	売上高（百万円）商品 C
支店 1	52.4	10.4	98.4
支店 2	47.3	14.1	102.4
支店 3	50.6	8.4	106.5
支店 4	46.3	7.9	98.4
支店 5	50.9	12.4	92.4

数字だけ見ると、どの支店も商品 C の売上がよいことを示しているといえますが、商品 A、B、C の販売価格が異なるため、売上高も違ってきます。商品ごとの売上高の平均値や平均との差が異なるため、支店 1 〜 5 でそれぞれの商品を比較したとき、どの商品の売上がよいかは、表 8.1 からは判断できません。

これらのデータの標準化により、平均値と標準偏差をそろえ、データを見やすくすることができます。表 8.2 は標準化を行った売上高データです。

表 8.2　商品売上高データ（標準化後）

商品 / 支店	売上高（商品 A）	売上高（商品 B）	売上高（商品 C）
支店 1	1.12	−0.09	−0.23
支店 2	−0.85	1.32	0.53
支店 3	0.43	−0.85	1.31
支店 4	−1.24	−1.04	−0.23
支店 5	0.54	0.67	−1.38

標準化では、平均の値を「0」、標準偏差を「1」としてデータを変換しなおします。表8.2でプラスの値になっているものは平均値を上回っていることを示し、マイナスの値になっているものは平均値を下回っていることを示しています。標準化する前の表8.1では、商品ごとの売上の平均値が異なるため、どの支店も商品Cの売上高がもっともよいことを示していましたが、標準化した後のデータでは、支店1は商品A、支店2は商品Bがもっともよいというように、それぞれの商品を総合した結果を示すことができます。

この結果から、支店ごとの販売中止候補商品をまとめたのが表8.3です。

表8.3　販売中止候補商品（支店別）

支店	販売中止候補商品
支店1	商品C（−0.23）
支店2	商品A（−0.85）
支店3	商品B（−0.85）
支店4	商品A（−1.24）
支店5	商品C（−1.38）

8.2　平均の異なるデータを標準化する

例題を使って、標準化をしてみましょう。表8.1のデータをExcelに入力してください。

① 商品ごとの売上高データの下にそれぞれの平均と標準偏差の値を求めるため、セルA8に「平均」、セルA9に「標準偏差」と入力します。

	A	B	C	D
1	商品売上データ（標準化前）			
2	支店/商品	売上高（万円）商品A	売上高（億円）商品B	売上高（百万円）商品C
3	支店1	52.4	10.4	98.4
4	支店2	47.3	14.1	102.4
5	支店3	50.6	8.4	106.5
6	支店4	46.3	7.9	98.4
7	支店5	50.9	12.4	92.4
8	平均			
9	標準偏差			
10				

② セル B8 に商品 A の平均値を求めます。オートフィルでセル C8、D8 も同様に平均値を求めます（本書では小数点第 1 位まで表示しています）。

SUM ▾ : ✕ ✓ fx	=AVERAGE(B3:B7)		
	A	B	C	D
1	商品売上データ（標準化前）			
2	支店/商品	売上高（万円）商品A	売上高（億円）商品B	売上高（百万円）商品C
3	支店1	52.4	10.4	98.4
4	支店2	47.3	14.1	102.4
5	支店3	50.6	8.4	106.5
6	支店4	46.3	7.9	98.4
7	支店5	50.9	12.4	92.4
8	平均	=AVERAGE(B3:B7)		
9	標準偏差	AVERAGE(数値1, [数値2], ...)		
10				

③ セル B9 に標準偏差（☞ 46 ページ）を求めます。計算するセル範囲は B3：B7 です。セル B8 が含まれないように注意しましょう。オートフィルでセル C9、D9 も同様に標準偏差を求めます。

	A	B	C	D
1	商品売上データ（標準化前）			
2	支店/商品	売上高（万円）商品A	売上高（億円）商品B	売上高（百万円）商品C
3	支店1	52.4	10.4	98.4
4	支店2	47.3	14.1	102.4
5	支店3	50.6	8.4	106.5
6	支店4	46.3	7.9	98.4
7	支店5	50.9	12.4	92.4
8	平均	49.5	10.6	99.6
9	標準偏差	=STDEV.S(B3:B7)		
10		STDEV.S(数値1, [数値2], ...)		
11				

④「標準化後」の値を出力する表を用意します。セル範囲 A1:D9 をコピーして、セル A11 から貼りつけます。

⑤ セルA11の表のタイトルの「標準化前」を「標準化後」に変更し、セル範囲B13：D19のデータを削除しておきます。これで準備が整いました。

	A	B	C	D
1	商品売上データ（標準化前）			
2	支店/商品	売上高（万円）商品A	売上高（億円）商品B	売上高（百万円）商品C
3	支店1	52.4	10.4	98.4
4	支店2	47.3	14.1	102.4
5	支店3	50.6	8.4	106.5
6	支店4	46.3	7.9	98.4
7	支店5	50.9	12.4	92.4
8	平均	49.5	10.6	99.6
9	標準偏差	2.6	2.6	5.2
10				
11	商品売上データ（標準化後）			
12	支店/商品	売上高（万円）商品A	売上高（億円）商品B	売上高（百万円）商品C
13	支店1			
14	支店2			
15	支店3			
16	支店4			
17	支店5			
18	平均			
19	標準偏差			
20				

⑥ セルB13を選択します。
［数式］タブの［関数ライブラリ］グループの［その他の関数］をクリックします。

⑦ ［統計］を選択して、一覧から［STANDARDIZE］[1]関数をクリックします。

1　STANDARDIZE関数：スタンダーダイズ。平均と標準偏差をもとに値の変量を返す関数です。

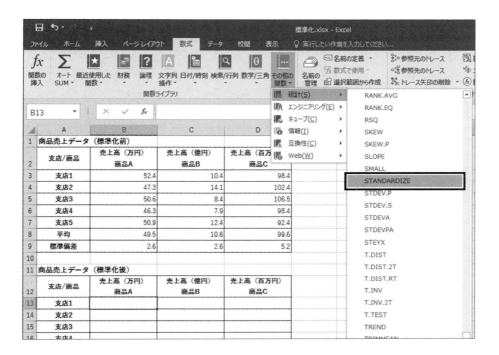

⑧ STANDARDIZE 関数の［関数の引数］ダイアログボックスが表示されたら、「X」「平均」「標準偏差」に次のセルを指定して、［OK］ボタンをクリックします。なお、オートフィルを使用するため、セル B8 と B9 は行の複合参照に設定します。

「X」にセル B3 を選択。

「平均」にセル B8 を選択。

「標準偏差」にセル B9 を選択。

⑨ セル B13 にセル B3 の標準化された値が出力されます。

B13	▼	:	× ✓ fx	=STANDARDIZE(B3,B$8,B$9)	

▲	A	B	C	D
1	商品売上データ（標準化前）			
2	支店/商品	売上高（万円）商品A	売上高（億円）商品B	売上高（百万円）商品C
3	支店1	52.4	10.4	98.4
4	支店2	47.3	14.1	102.4
5	支店3	50.6	8.4	106.5
6	支店4	46.3	7.9	98.4
7	支店5	50.9	12.4	92.4
8	平均	49.5	10.6	99.6
9	標準偏差	2.6	2.6	5.2
10				
11	商品売上データ（標準化後）			
12	支店/商品	売上高（万円）商品A	売上高（億円）商品B	売上高（百万円）商品C
13	支店1	1.12		
14	支店2			
15	支店3			
16	支店4			
17	支店5			
18	平均			
19	標準偏差			
20				

⑩ オートフィルで、商品B、商品Cについても標準化します。これで標準化の手順はすべて終了です。

	A	B	C	D
10				
11	商品売上データ（標準化後）			
12	支店/商品	売上高（万円）商品A	売上高（億円）商品B	売上高（百万円）商品C
13	支店1	1.12	-0.09	-0.23
14	支店2	-0.85	1.32	0.53
15	支店3	0.43	-0.85	1.31
16	支店4	-1.24	-1.04	-0.23
17	支店5	0.54	0.67	-1.38
18	平均			
19	標準偏差			
20				

　標準化では、平均値の基準を「0」、標準偏差の基準を「1」となるようにデータが変換されています。手順②③と同じように、標準化後の「平均」と「標準偏差」を求めてみましょう。標準化後の商品ごとの平均と標準偏差は基準値になることがわかります。

第8章　標準化

88

	A	B	C	D
1	商品売上データ（標準化前）			
2	支店/商品	売上高（万円） 商品A	売上高（億円） 商品B	売上高（百万円） 商品C
3	支店1	52.4	10.4	98.4
4	支店2	47.3	14.1	102.4
5	支店3	50.6	8.4	106.5
6	支店4	46.3	7.9	98.4
7	支店5	50.9	12.4	92.4
8	平均	49.5	10.6	99.6
9	標準偏差	2.6	2.6	5.2
10				
11	商品売上データ（標準化後）			
12	支店/商品	売上高（万円） 商品A	売上高（億円） 商品B	売上高（百万円） 商品C
13	支店1	1.12	-0.09	-0.23
14	支店2	-0.85	1.32	0.53
15	支店3	0.43	-0.85	1.31
16	支店4	-1.24	-1.04	-0.23
17	支店5	0.54	0.67	-1.38
18	平均	0.00	0.00	0.00
19	標準偏差	1.00	1.00	1.00

8.3　まとめ

　この章では、標本データを統計的に計算・比較しやすく変換する標準化という統計手法を学習しました。標準化は、標本データとその平均、標準偏差を使って計算できます。Excelでの操作には、「STANDARDIZE」関数を使って計算する方法があります。

　ビジネスにおいては、商品ごとの売上を比較する場合、桁や単位が異なる標本データであっても、散らばりを比較したり、売上や価値を判断するための指標に利用できます。

章末問題

知識問題

標準化について、次のなかから正しいものをひとつ選んでください。

1. 標準化は、中央値の異なるデータ群を比較するのに適している。

2. 標準化は、平均値の異なるデータ群を比較するのに適している。

3. 標準化は、外れ値の異なるデータ群を比較するのに適している。

4. 標準化は、最頻値の異なるデータ群を比較するのに適している。

操作問題

ある薬局ごとの商品別販売数のデータから、①②にあてはまるものを答えなさい。

支店名	洗剤	胃腸薬	化粧品	風邪薬
薬局 A	125	10	150	40
薬局 B	120	70	175	55
薬局 C	95	25	180	60

これらのデータを標準化したとき、値がもっとも大きいものは「①」の「②」である。

①の選択肢
1. 薬局 A
2. 薬局 B
3. 薬局 C

②の選択肢
1. 洗剤
2. 胃腸薬
3. 化粧品
4. 風邪薬

第9章 移動平均

> **Goal**
> ・移動平均について説明できる。
> ・時系列データを、移動平均を用いて分析できる。
> ・移動平均を用いて時系列データの傾向を読みとることができる。

川端さん：ここ数年、クレジットカード業界で働いていて思うけど、百貨店やスーパーの売上高から成長産業であるのはわかっても景気も不透明だし、今後はどう判断すればいいかな。

西田さん：たしかに、この数か月は売上高が不規則に変動しているな。短期的に見ると、来月の売上高は厳しそうだな。

川端さん：成長期なのか衰退期なのかさえわかれば、予測しやすいのになあ。

西田さん：傾向がわかれば、予測の精度も上がりそうだね。

石川課長：きみたち、グラフの本質が見えずに苦労しているようだね。ある統計処理をすれば、本当に成長しているのか、じつは下がり気味なのかわかるようになるんだ。

川端さん、西田さん：どうすればよいのですか？

石川課長：平均の考えをグラフに応用すればいいんだよ。

川端さん、西田さん：小学校で習った平均の考えでできるのですか！

このように、ビジネスでは短期的な状態の把握よりも長期的な傾向を見極めることがより重要な場面があります。すでに学習した平均（第1章）の考え方を応用して、時系列データからその傾向を読みとる移動平均を学習しましょう。

9.1　移動平均が何かを知る

移動平均とは、一定の区間（期間）をずらしながら平均をとっていくことです。次のふたつの変動要素の影響を除いた推移を探り、近い将来の予測に役立てようとするための手法のひとつです。

・規則的な変動要因（季節変動）
平日の来客数と休日の来客数は違うものの、1週間という一定の周期で繰り返される規則的な変動要因。

・不規則な変動要因（無作為変動）
例年に比べ、雨量が極端に少ないことの影響を受けた作物の収穫量のように、気温や天候などの影響を受ける不規則な変動要因。

この手法は、気象情報や金融の世界でよく使われます。株取引をされる方なら、「○日移動平均」という言葉に聞きおぼえがあるはずです。

一般的に、売上を計測する場合、数字だけを追っても意味がありません。季節や天候によって浮き沈みする売上を、本当に成長しているのか、単に規則的な変動による短期的な成長なのかを知ることは大切なことです。それでは、実際にやってみましょう。

9.2　時系列データを整理する

具体的なデータは、経済産業省のオープンデータ「特定サービス産業動態統計調査」から引用します。なかでも、今回は「クレジットカード業」の売上高を分析し、どのように成長しているかを分析します。「クレジットカード業」のなかでもとくに「百貨店・総合スーパー」の売上高に着目して説明します。

統計データは経済産業省のウェブサイト[1]からダウンロードします。データは、「特定サービス産業動態統計調査」ページ→「調査の結果」→「統計表一覧」→「長期データ」ページ内にあります。ダウンロードページにたどり着けない場合は、経済産業省サイトにアクセスし、サイト内検索に「長期データ」と入力して検索することをお勧めします。「長期データ」のページが表示されたら、「対事業所サービス業」の「クレジットカード業」の【実数・伸び率データ】からダウンロードします。

1　http://www.meti.go.jp/statistics/tyo/tokusabido/index.html （2016年8月現在）

ダウンロードデータは Excel 形式になっています。ダウンロードしたファイルを開いたら、「月・実数」シートを開き、「百貨店、総合スーパー」の 2007 年（平成 19 年）から 2014 年（平成 26 年）までの月次の売上をコピーアンドペースト[2]して、自分がわかりやすいようにしておきましょう。図 9.1 は、特定サービス産業動態統計調査のデータを引用し、Excel にまとめたものです。

図 9.1　クレジットカード業：百貨店・総合スーパーの売上高推移

		2007年	2008年	2009年	2010年	2011年	2012年	2013年	2014年
	1月	430,572	734,591	735,889	725,531	770,354	801,886	869,544	935,894
	2月	331,593	600,070	580,597	593,507	646,899	677,482	783,355	784,044
	3月	356,141	659,415	648,452	658,562	634,650	734,816	857,132	1,113,947
	4月	377,536	682,074	667,795	694,036	676,300	753,823	802,721	838,710
	5月	361,860	655,545	645,510	669,708	699,259	766,915	827,164	877,731
	6月	373,242	665,391	659,849	693,447	721,483	755,895	836,216	906,706
	7月	406,312	739,467	714,884	738,127	775,866	803,294	861,841	941,067
	8月	337,619	631,549	617,191	664,641	684,315	726,643	789,690	884,152
	9月	345,805	641,873	625,675	663,758	676,777	722,503	792,827	890,646
	10月	382,520	676,249	655,243	706,541	724,894	775,749	841,893	909,298
	11月	414,315	750,759	711,427	788,670	783,106	858,070	948,398	1,027,070
	12月	464,950	798,764	794,681	850,211	879,720	924,203	1,024,437	1,109,341

クレジットカード業：百貨店・総合スーパー売上高推移（単位：百万円）

このデータをグラフで可視化すると、右肩上がりの成長が確認できます（図 9.2）。しかし、2013 〜 2014 年あたりは変動の幅が大きく、本当に成長しているのか判断しにくい現状です。縦軸は売上高（単位：百万円）を示しており、横軸は年月です（グラフのだいたいの動きがわかればいいので、年月の表示はしていません）。

2　コピーアンドペースト：数値やテキストを右クリックや Ctrl+C を使って複写・複製し、別の場所に貼りつけることです。

図 9.2　売上高推移

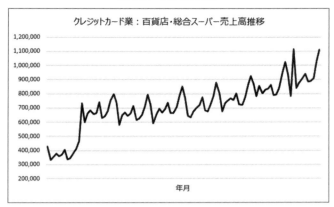

なお、図 9.1 のように、表データでは、図 9.2 のようなグラフはつくれません。図 9.2 のグラフを作成する場合は、グラフのデータを図 9.3 のように 1 列にしてから作成します。

図 9.3　グラフのデータ

	A	B
1	月	売上高
2	1月	430,572
3	2月	331,593
4	3月	356,141
5	4月	377,536
6	5月	361,860
7	6月	373,242
8	7月	406,312
9	8月	337,619
10	9月	345,805
11	10月	382,520
12	11月	414,315
13	12月	464,950
14	1月	734,591
15	2月	600,070
16	3月	659,415
17	4月	682,074

9.3　移動平均を使って時系列データを分析する

　ここから分析にはいります。移動平均の算出は、Excel のアドイン「分析ツール」（☞ 50 ページ）を用います。分析ツールの追加方法は第 5 章で学習しましたので、この章では説明しません。

　分析前に、ダウンロードした統計データを処理しやすいように一列にします。次の図と同じ形式にしてください。

① 列 C のセル C1 に「移動平均」と入力します。この列に移動平均の計算結果を出力させます。

	A	B	C	D	E
1	月	売上高	移動平均		
2	1月	430,572			
3	2月	331,593			
4	3月	356,141			
5	4月	377,536			
6	5月	361,860			
7	6月	373,242			
8	7月	406,312			
9	8月	337,619			
10	9月	345,805			
11	10月	282,520			

②［データ］タブの［データ分析］をクリックします。

③［データ分析］ダイアログボックスが表示されたら、［移動平均］を選択して［OK］ボタンをクリックします。

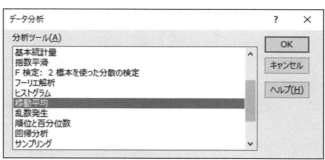

④ [移動平均] ダイアログボックスが開きます。

移動平均		?	×
入力元			
入力範囲(I):	[　　　] 📊	**OK**	
□ 先頭行をラベルとして使用(L)		**キャンセル**	
区間(N):	[　　]	**ヘルプ(H)**	
出力オプション			
出力先(O):	[　　　] 📊		
新規ワークシート(P):	[　　　　]		
新規ブック(W)			
□ グラフ作成(C)	□ 標準誤差の表示(S)		

⑤ [入力範囲] には、売上高を指定します。この節の冒頭で売上高をひとつの列にしたのは、分析ツールを使って移動平均を算出するには、ひとつの行または列しか選択できないためです。

「入力範囲」のボックスをクリックしてカーソルが点滅している状態にします。

移動平均		?	×
入力元			
入力範囲(I):	[I] 📊	**OK**	
□ 先頭行をラベルとして使用(L)		**キャンセル**	
区間(N):	[　　]	**ヘルプ(H)**	
出力オプション			
出力先(O):	[　　　] 📊		
新規ワークシート(P):	[　　　　]		
新規ブック(W)			
□ グラフ作成(C)	□ 標準誤差の表示(S)		

⑥ セル範囲 B2:B97 を指定します。データ数が大量にあると、スクロールで範囲を指定するのは手間がかかったり、選択しにくかったりします。選択する列の先頭（今回はセル B2）を選択したあとで、［Shift］キーと［Ctrl］キーを同時に押しながら下向きの矢印［↓］キーを押すと、最後尾のデータまで瞬時に選択できます。

　ボックスには「$B$2:$B$97」[3] が表示されます。これは列 B の 2 ～ 97 行目までの範囲を示しています（「B2:B97」でも範囲は同じ意味です）。

⑦ ［区間］には「12」を入力します。理由はのちほど説明します。［出力先］はセル C2 以降に出すので、「C2」を選択します。ダイアログボックスの［OK］ボタンをクリックします（セル C2 を選択すると、入力ボックスには絶対参照の「$C$2」が入力されます）。

3　セルの絶対参照：セル番地の列番号および行番号の両方を固定して参照する方法です。固定する列と行番号の前に「$」を付けます。

⑧ 列 C に移動平均で計算された値が表示されます。

	A	B	C	D	E
1	月	売上高	移動平均		
2	1月	430,572	#N/A		
3	2月	331,593	#N/A		
4	3月	356,141	#N/A		
5	4月	377,536	#N/A		
6	5月	361,860	#N/A		
7	6月	373,242	#N/A		
8	7月	406,312	#N/A		
9	8月	337,619	#N/A		
10	9月	345,805	#N/A		
11	10月	382,520	#N/A		
12	11月	414,315	#N/A		
13	12月	464,950	381,872		
14	1月	734,591	407,207		
15	2月	600,070	429,580		
16	3月	659,415	454,853		
17	4月	682,074	480,231		
18	5月	655,545	504,705		

　計算結果に着目してください。セル範囲 C2：C12 には、「#N/A」と表示されています。これは参照データが入力されていないときや、参照先にデータがない場合に表示されるエラーです。⑦で［移動平均］ダイアログボックスの［区間］には「12」を指定しました。セル C13 を選択して、［数式バー］を見ると「=AVERAGE（B2:B13）」とあります。計算式は、B2 ～ B13 までの 12 個（12 か月分）のデータの平均値が C13 に出力されていることを意味しています。C2 ～ C12 までは計算に必要な 12 個のデータが不足しているため、エラーが表示されています。

STANDA...	▼	:	×	✓	fx	=AVERAGE(B2:B13)

	A	B	C	D	E	F
1	月	売上高	移動平均			
2	1月	430,572	#N/A			
3	2月	331,593	#N/A			
4	3月	356,141	#N/A			
5	4月	377,536	#N/A			
6	5月	361,860	#N/A			
7	6月	373,242	#N/A			
8	7月	406,312	#N/A			
9	8月	337,619	#N/A			
10	9月	345,805	#N/A			
11	10月	382,520	#N/A			
12	11月	414,315	#N/A			
13	12月	464,950	=AVERAGE(B2:B13)			
14	1月	734,591	AVERAGE(数値1, [数値2], ...)			
15	2月	600,070	429,580			

　またセル C14 には、セル範囲 B3：B14 のデータの平均、セル C15 には B4：B15 の平均値が算出されています。平均する範囲をずらしながら各月の平均値が算出されていることがわかります。

⑦で指定した［区間］は、どのようなスパンで、ずらしながら平均値を出していくか指定するものです。この例では年度ごとの月次データだったので、1年間の「12」を指定しています。売上高の折れ線グラフからわかるように、一定の月（年末）に売上が上がっています。これらの影響をなくすために、［区間］を設定しました。

　図9.4と図9.5で示すように、1年の期間で人々の購買パターンが一巡すると仮定します。1年のなかでオンシーズンとオフシーズンが何回か繰り返されます。

図9.4　シーズン設定

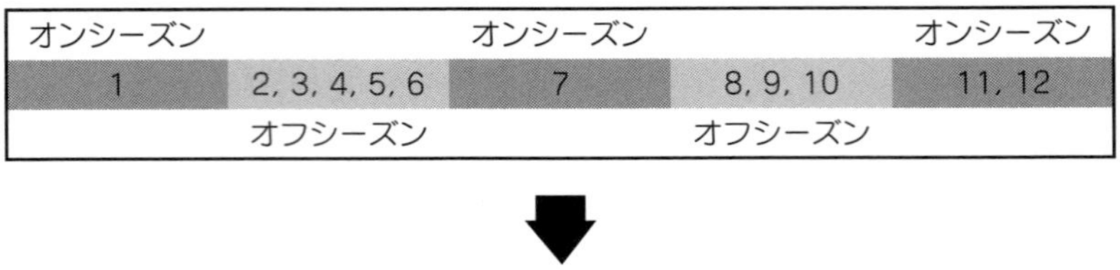

オンシーズン		オンシーズン		オンシーズン
1	2, 3, 4, 5, 6	7	8, 9, 10	11, 12
	オフシーズン		オフシーズン	

図9.5　シーズン循環

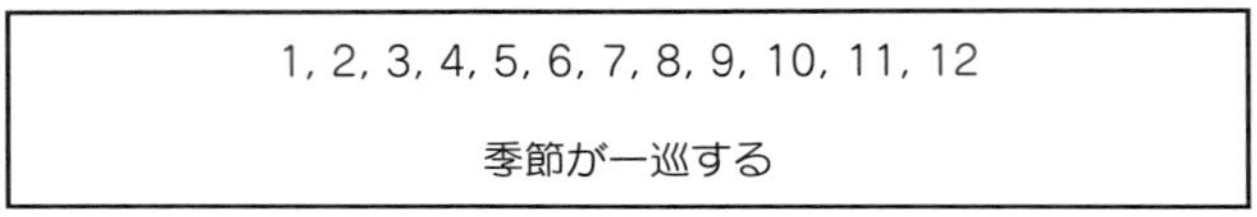

1, 2, 3, 4, 5, 6, 7, 8, 9, 10, 11, 12
季節が一巡する

　このように考えることで1年の〝ムラ〟、オンシーズンとオフシーズンが相殺されます。

　もし、小売店の日ごとの売上分析を行う場合、分析対象は「百貨店・総合スーパー」の売上高よりも短い期間の1週間で考え、「7」を選択するべきです。繁忙期（日）と閑散期（日）の〝ムラ〟が相殺されます。

9.4　結果を見る

　移動平均の結果を視覚的に示します。図 9.6 は、最初に示した売上高のグラフに移動平均を反映させたものです。

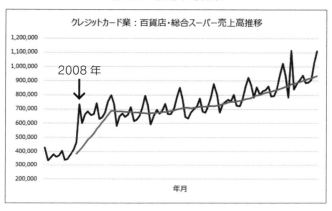

図 9.6　移動平均結果

　売上高推移の折れ線の上に平滑化された折れ線が表示されています。結果から考察すると、成長産業であることが証明できました。

　2008 年ごろからクレジットカードの売上高が急激に上昇しています。百貨店にクレジットカードの普及が始まり、導入店舗が増えた年であるからという仮説を立てたり、ここ数年の上昇は発行審査の緩和によりクレジットカードの発行枚数が増加したためなどの要因を考えたりできます。あくまでも仮説ですが、今後のクレジットカード業の売上が上昇する見込みがあるという前提で、戦略の意思決定を行うことができるのです。

　特定サービス産業動態統計調査には、さまざまなデータが掲載されています。練習としてあるデータを参考に分析してみると、面白い結果が見えてきます。

9.5　まとめ

　この章では、移動平均について学習しました。時系列データではわからないデータの動きも、移動平均を用いると理解できるようになります。移動平均とは、一定の区間（期間）をずらしながら平均をとっていくことです。扱うデータによって、1 週間ならば区間は「7」に設定するなど、サイクルが一周する区間は分析によって変えるようにしましょう。

　ビジネスにおいては、移動平均を使って局所的な変動の影響を除外し、データから大局的傾向を読み取ったうえで、戦略的意思決定に活かす能力が求められます。

章末問題

知識問題

移動平均について、次のなかから正しいものをひとつ選んでください。

1. 移動平均とは、物理的に移動しながら平均値をとることである。

2. 移動平均を使ってサイコロの目を予測することができる。

3. 移動平均とは、変動要因の影響を除いた推移を探り、近い将来の予測に役立てようと
   するための手法である。

4. 区間は、0 に近ければ近いほど精度が高いといえる。

操作問題

この章の例では区間を「12」にしていますが、区間を「6」にして再度、移動平均を求め
てみましょう。区間「6」の 2014 年 12 月の移動平均値はいくらになるでしょうか。

1.   860, 262

2.   960, 262

3. 1,960, 262

4. 2,960, 262

第10章 季節調整

Goal
- 季節調整の意味を説明できる。
- 季節指数を求めることができる。
- 季節調整済のデータを求めることができる。

藤井さん：先月に比べてお客さんが多くて大変です。今月は落ち着くと思ったのですが。

店長：ここで働きはじめて1年もたっていないんだったね。たしかに曜日による来客数の変動は予測しやすいが、季節の変動も1年を通じてある程度予測できるんだよ。

藤井さん：そうなんですか！

店長：レジャーシーズンは1年のなかで考えると規則的だろう？ 毎週日曜日は休日の人が多いから忙しいのと同じだよ。だから今月は繁忙期並みに忙しいことは予測していたんだ。

藤井さん：経験だけでなく、データからでも予測ができるんですね。

店長：そうだ。1週間だと曜日、年間だと季節のように一定のサイクルで繰り返されているのがわかるんだ。売上や利用者数は完全には予測できないが、人を増やしておくといった準備はできるんだよ。

藤井さん：（だから今月は出勤日が多いんだ……）

このように、同じようなパターンが繰り返し発生している場合、その規則性をデータから抽出しておけば、その影響を考慮した対策をとることが可能になります。

10.1 季節調整が何かを知る

第9章では、数字を追うだけではわからない時系列データを、移動平均を使ってムラをなくし、平滑化したデータから推移を予測する方法を学習しました。この章では、時系列データから**規則的な変動要因**（**季節変動値**）を明らかにしていきます。さらに季節変動値を排除することでデータの本質を探ります。

10.2 時系列データを用意する

第9章と同様に、経済産業省のオープンデータ「特定サービス産業動態統計調査」からデータを引用します。使用するデータは「自動車賃貸業」です。レンタカー業者の売上高をもとにして季節変動値を明らかにし、データを分析します。

例として、「自動車賃貸業」のなかでも「レンタル売上高（法人向け、個人向けを含む）」を取りあげます。図 10.1 は、対象期間が 2009 年 1 月～ 2015 年 8 月のデータを表にまとめたものです。

図 10.1　自動車賃貸業：レンタル売上高

	A	B	C	D	E	F	G	H
1				自動車賃貸業：レンタル売上高				
2							(単位：百万円)	
3		2009年	2010年	2011年	2012年	2013年	2014年	2015年
4	1月	17,325	17,647	17,539	17,991	18,712	19,328	20,064
5	2月	16,812	16,951	17,317	18,097	18,162	18,610	19,201
6	3月	19,280	19,959	19,079	20,896	21,660	24,813	23,007
7	4月	16,670	17,045	17,508	18,292	18,324	19,449	20,289
8	5月	17,736	18,388	18,610	19,132	19,500	20,463	21,035
9	6月	16,695	16,984	17,482	17,660	18,041	18,760	19,023
10	7月	20,036	20,845	21,306	21,281	21,587	22,074	22,736
11	8月	25,269	27,056	27,126	27,480	28,732	28,228	29,137
12	9月	20,852	21,822	22,007	22,247	23,146	23,092	-
13	10月	19,529	20,156	20,795	20,801	21,734	22,287	-
14	11月	18,082	18,726	18,648	19,079	20,774	21,651	-
15	12月	17,257	17,959	18,511	19,126	20,374	21,632	-
16								

（※表の引用元データは、補正などにより後日訂正されることがあります。）

グラフにすると、図 10.2 のようになります。

図 10.2　売上高推移

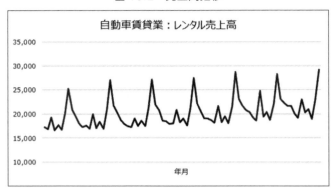

縦軸は売上高（単位：百万円）を示しており、横軸は年月です。

第 9 章のクレジットカード業のグラフと似ていると思ったら鋭いですね。じつはレンタルカー業界もクレジットカード業界同様、ある規則的な変動要因（季節変動値）を受ける業界です。図 10.2 のグラフからも一定の周期で推移しているのがわかります。

これから、一定の周期、季節変動値を明らかにし、時系列データの本当の姿を明らかにしましょう。

10.3　時系列データを整理する

① ダウンロードした統計データを処理しやすいように 1 列にします。

② 季節変動値を求めるために移動平均を使います。操作方法は第 9 章を参照してください。ここでも同様に区間は「12」としています。

	A	B	C	D	E
1	月	売上高	移動平均		
2	1月	17,325			
3	2月	16,812			
4	3月	19,280			
5	4月	16,670			
6	5月	17,736			
7	6月	16,695			
8	7月	20,036			
9	8月	25,269			

③ 列 B と列 C のデータからグラフを作成すると、次のような挙動[1]がわかります。

図 10.3　平滑化結果グラフ

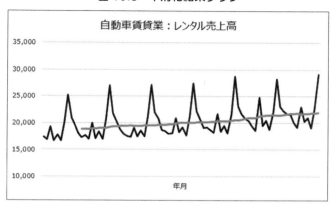

　元のデータはジグザグした波形の線で、緩やかな波形の線は移動平均を使って平滑化したデータの推移です。緩やかではありますが、成長[2]しているのがわかります。

10.4　季節要因を求める

　ここから、季節変動値について考えていきます。図 10.3 のジグザグの波形の線は元のデータ、つまり季節変動値を含む実測値です。列 B を列 C で割ると、各月の売上高がどれほど移動平均値から離れているのか割合を求めることができます。その値が「季節変動値」です。移動平均の隣、列 D に「季節要因」として出力してみましょう。

① 　セル D1 に「季節要因」と入力します。

②「#N/A」が表示されているセルは計算ができませんので、セル D13 を選択し、「=B13/C13」と入力して、［Enter］キーを押します。セル D13 に計算結果が表示されます。ここでの値は「0.918158」になります。

1　挙動：グラフ上の値の動きのことです。時間軸によって動く実線の動きをいいます。
2　成長：右肩上がりに売上が伸び、発展しているという意味です。

C13	▼	:	×	✓	fx	=B13/C13	

◢	A	B	C	D	E
1	月	売上高	移動平均	季節要因	
2	1月	17,325	#N/A		
3	2月	16,812	#N/A		
4	3月	19,280	#N/A		
5	4月	16,670	#N/A		
6	5月	17,736	#N/A		
7	6月	16,695	#N/A		
8	7月	20,036	#N/A		
9	8月	25,269	#N/A		
10	9月	20,852	#N/A		
11	10月	19,529	#N/A		
12	11月	18,082	#N/A		
13	12月	17,257	18,795	=B13/C13	
14	1月	17,647	18,822		
15	2月	16,951	18,834		

③ オートフィルでセル D14 以降にも数式をコピーします。

D13	▼	:	×	✓	fx	=B13/C13	

◢	A	B	C	D	E
10	9月	20,852	#N/A		
11	10月	19,529	#N/A		
12	11月	18,082	#N/A		
13	12月	17,257	18,795	0.918158	
14	1月	17,647	18,822	0.937569	
15	2月	16,951	18,834	0.900037	
16	3月	19,959	18,890	1.056577	
17	4月	17,045	18,922	0.900827	
18	5月	18,388	18,976	0.969022	
19	6月	16,984	19,000	0.893899	
20	7月	20,845	19,067	1.093231	
21	8月	27,056	19,216	1.407975	
22	9月	21,822	19,297	1.130844	

④ 季節要因として求めた値を、同じシートの列 I 以降にまとめなおします。

	1月	2月	3月	4月	5月	6月	7月	8月	9月	10月	11月	12月
						季節変動値						
2010年	0.94	0.91	1.06	0.91	0.97	0.90	1.10	1.41	1.14	1.05	0.97	0.93
2011年	0.91	0.89	0.99	0.91	0.96	0.90	1.10	1.39	1.13	1.06	0.96	0.95
2012年	0.92	0.92	1.05	0.92	0.96	0.89	1.07	1.37	1.11	1.04	0.95	0.95
2013年	0.93	0.90	1.07	0.91	0.96	0.89	1.06	1.41	1.13	1.06	1.00	0.98
2014年	0.93	0.89	1.17	0.92	0.96	0.88	1.03	1.32	1.08	1.04	1.01	1.00
2015年	0.93	0.89	1.07	0.94	0.97	0.88	1.05	1.33	-	-	-	-

　上の図にある値は、③で求めた値を ROUNDUP[3] 関数で小数第 2 位までの表示にしたものです。

10.5　季節変動値を考察する

　これらの季節変動値の平均を考えていきます。ふつうの平均ではなく、各月の最大値と最小値を除いたデータで平均をとります。つまり、最大値と最小値は大きく上下に振れすぎている値と見なして、大きな変動要因がなさそうなデータで平均をとることで精度が上がります。これを**トリム平均**といいます。

　トリム平均は上位数パーセント、下位数パーセントを除いたデータを使用して平均を出すことで、最大値、最小値のふたつを外れ値にしています。たとえばスポーツやオーディションなど、審査の点数で競う競技ではメジャーな考えかたです。

3　ROUNDUP 関数：ラウンドアップ。数値を指定した桁数に切り上げる関数です。その他に数値を指定した桁数に四捨五入する ROUND 関数、指定した桁数に切り捨てる ROUNDDOWN 関数があります。

① 次の図のように、10.4の④で作成した表をクロス表[4]にしておきましょう。各月の最大値、最小値を求めます。

	1月	2月	3月	4月	5月	6月	7月	8月	9月	10月	11月	12月
季節変動値												
2010年	0.94	0.91	1.06	0.91	0.97	0.90	1.10	1.41	1.14	1.05	0.97	0.93
2011年	0.91	0.89	0.99	0.91	0.96	0.90	1.10	1.39	1.13	1.06	0.96	0.95
2012年	0.92	0.92	1.05	0.92	0.96	0.89	1.07	1.37	1.11	1.04	0.95	0.95
2013年	0.93	0.90	1.07	0.91	0.96	0.89	1.06	1.41	1.13	1.06	1.00	0.98
2014年	0.93	0.89	1.17	0.92	0.96	0.88	1.03	1.32	1.08	1.04	1.01	1.00
2015年	0.93	0.89	1.07	0.94	0.97	0.88	1.05	1.33	-	-	-	-
最大値（MAX）												
最小値（MIN）												

② トリム平均を計算するため、「最小値（MIN）」の下に「トリム平均」と入力します。次の図を参考に、見やすいように表の体裁を整えます。

	1月	2月	3月	4月	5月	6月	7月	8月	9月	10月	11月	12月	
季節変動値													
2010年	0.94	0.91	1.06	0.91	0.97	0.90	1.10	1.41	1.14	1.05	0.97	0.93	
2011年	0.91	0.89	0.99	0.91	0.96	0.90	1.10	1.39	1.13	1.06	0.96	0.95	
2012年	0.92	0.92	1.05	0.92	0.96	0.89	1.07	1.37	1.11	1.04	0.95	0.95	
2013年	0.93	0.90	1.07	0.91	0.96	0.89	1.06	1.41	1.13	1.06	1.00	0.98	
2014年	0.93	0.89	1.17	0.92	0.96	0.88	1.03	1.32	1.08	1.04	1.01	1.00	
2015年	0.93	0.89	1.07	0.94	0.97	0.88	1.05	1.33	-	-	-	-	
最大値（MAX）	0.94	0.92	1.17	0.94	0.97	0.90	1.10	1.41	1.14	1.06	1.01	1.00	
最小値（MIN）	0.91	0.89	0.99	0.91	0.96	0.88	1.03	1.32	1.08	1.04	0.95	0.93	合計値
トリム平均													

わかりやすいように最大値と最小値にハイライトをしました。黒いハイライトが最大値、薄いハイライトが最小値です。

この表の2月を見てください。この月の最小値である「0.89」は2011年、2014年、2015年の3カ所に含まれています。いちばん上に位置しているもののみを色分けしました。トリム平均の計算の考えでは、最大値、最小値を除いたデータで平均を出すと説明しました。最小値でありながら複数ある「0.89」ですが、ここではセルK4のみが最小値と考えます。

表のなかで、同じ最小値が存在している月があります。その月の最小値で同じ値のデータがある場合は、いちばん上に位置しているものをハイライトしています。

③ 各月のトリム平均を求めます。トリム平均の欄に、ハイライトした値を除いたデータの平均値を求めます。

4　クロス表：表の縦横方向（ここでは年、最大値、最小値、月）に交わるセルが、該当する値になっている表のことです。

数式は、データの合計÷個数（4）です。セルJ11を選択し［数式バー］に、「=（J5+J6+J7+J8)/4」を入力し、［Enter］キーを押して1月の結果を表示します。2月以降は、計算対象のセルが異なるので注意してください。トリム平均を求めたら、その合計も計算してください。「12.21」になります（2015年9〜12月は、最大値と最小値を除いたデータの合計÷個数[3]で計算します）。

	1月	2月	3月	4月	5月	6月	7月	8月	9月	10月	11月	12月	
						季節変動値							
2010年	0.94	0.91	1.06	0.91	0.97	0.90	1.10	1.41	1.14	1.05	0.97	0.93	
2011年	0.91	0.89	0.99	0.91	0.96	0.90	1.10	1.39	1.13	1.06	0.96	0.95	
2012年	0.92	0.92	1.05	0.92	0.96	0.89	1.07	1.37	1.11	1.04	0.95	0.95	
2013年	0.93	0.90	1.07	0.91	0.96	0.89	1.06	1.41	1.13	1.06	1.00	0.98	
2014年	0.93	0.89	1.17	0.92	0.96	0.88	1.03	1.32	1.08	1.04	1.01	1.00	
2015年	0.93	0.89	1.07	0.94	0.97	0.88	1.05	1.33	-	-	-	-	
最大値（MAX）	0.94	0.92	1.17	0.94	0.97	0.90	1.10	1.41	1.14	1.06	1.01	1.00	
最小値（MIN）	0.91	0.89	0.99	0.91	0.96	0.88	1.03	1.32	1.08	1.04	0.95	0.93	合計値
トリム平均	0.93	0.90	1.06	0.92	0.96	0.89	1.07	1.38	1.12	1.05	0.98	0.96	12.21

④ トリム平均の合計がちょうど「12」になるように補正します。これは移動平均での区間を「12」にしているからです。もし、移動平均を求める際のスパンを週で考える場合だと区間は「7」なので、トリム平均の合計値を「7」ちょうどになるように補正します。補正方法は、12を12か月分のトリム平均の合計値で割った値（12÷12.21）を各月のトリム平均に掛けます。「補正値」として補正トリム平均の下の行に算出します。

「補正トリム平均」に補正した値を求めます。セルJ12を選択したら、［数式バー］に「=J11*$J$13」と入力して［Enter］キーを押します。オートフィルで2月以降のセルにも数式をコピーします。

補正前のトリム平均の合計値と同じようにして、補正後のトリム平均の合計値も求めてください。「12」になっているはずです。

	1月	2月	3月	4月	5月	6月	7月	8月	9月	10月	11月	12月	
						季節変動値							
2010年	0.94	0.91	1.06	0.91	0.97	0.90	1.10	1.41	1.14	1.05	0.97	0.93	
2011年	0.91	0.89	0.99	0.91	0.96	0.90	1.10	1.39	1.13	1.06	0.96	0.95	
2012年	0.92	0.92	1.05	0.92	0.96	0.89	1.07	1.37	1.11	1.04	0.95	0.95	
2013年	0.93	0.90	1.07	0.91	0.96	0.89	1.06	1.41	1.13	1.06	1.00	0.98	
2014年	0.93	0.89	1.17	0.92	0.96	0.88	1.03	1.32	1.08	1.04	1.01	1.00	
2015年	0.93	0.89	1.07	0.94	0.97	0.88	1.05	1.33	-	-	-	-	
最大値（MAX）	0.94	0.92	1.17	0.94	0.97	0.90	1.10	1.41	1.14	1.06	1.01	1.00	
最小値（MIN）	0.91	0.89	0.99	0.91	0.96	0.88	1.03	1.32	1.08	1.04	0.95	0.93	合計値
トリム平均	0.93	0.90	1.06	0.92	0.96	0.89	1.07	1.38	1.12	1.05	0.98	0.96	12.21
補正トリム平均	0.91	0.88	1.04	0.90	0.95	0.87	1.05	1.35	1.10	1.03	0.96	0.94	12.00
補正値	0.98												

補正をしたトリム平均値をここでは「季節指数」と呼びます。

8月は1年のなかでも上ぶれし、8月前後や3月が影響をほとんど受けないこともわかります。それ以外の月だと下にふれます。主に、夏が自動車賃貸業のオンシーズンで、それ

以外がオフシーズンのようです。

季節指数													
	1月	2月	3月	4月	5月	6月	7月	8月	9月	10月	11月	12月	
補正トリム平均	0.91	0.88	1.04	0.90	0.95	0.87	1.05	1.35	1.10	1.03	0.96	0.94	12.00

　この結果は、季節により売上高がどのように影響しているかを示しています。
　次にすべき作業はこの季節変動値（季節指数）を排除し、元のデータがどう変化しているのかを分析することです。

10.6　季節変動値を考慮して考察する

10.5 で導きだした季節変動値（季節指数）を使ってデータを調整します。

① 各月の挙動がわかったので、季節指数を元のデータに反映させます。次の図のように、元の売上高データに先ほど求めた季節変動値を繰り返し配置します。

	A	B	C	D	E	F
1	月	売上高	移動平均	季節要因	季節変動値 （季節指数）	
2	1月	17,325	#N/A		0.91	
3	2月	16,812	#N/A		0.88	
4	3月	19,280	#N/A		1.04	
5	4月	16,670	#N/A		0.90	
6	5月	17,736	#N/A		0.95	
7	6月	16,695	#N/A		0.87	
8	7月	20,036	#N/A		1.05	
9	8月	25,269	#N/A		1.35	
10	9月	20,852	#N/A		1.10	
11	10月	19,529	#N/A		1.03	
12	11月	18,082	#N/A		0.96	
13	12月	17,257	18,795	0.92	0.94	
14	1月	17,647	18,822	0.94	0.91	
15	2月	16,951	18,834	0.90	0.88	
16	3月	19,959	18,890	1.06	1.04	
17	4月	17,045	18,922	0.90	0.90	

② 季節変動値を含む元のデータ（実測値）を季節変動値で割ります。以降のセルもオートフィルで数式をコピーします。

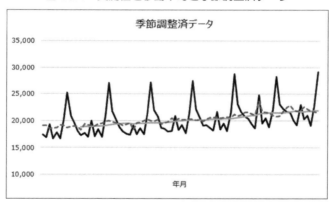

結果に移りましょう。売上高と季節調整済の売上高のデータをそれぞれ折れ線グラフに表しました（図10.4）。

図10.4 実測値と移動平均と季節調整済データ

縦軸は売上高、横軸は年月と変わりません。黒色の線と灰色の線も先ほどと同様にそれぞれ実測値、移動平均です。季節調整済のデータは点線で示しています。

非常に面白い結果になりました。黒色の線の移動平均で平滑化したグラフの結果によると、自動車賃貸業は緩やかに成長している業界であると判断されますが、よりミクロな視点で考察すると、違っているようです。

実測値と季節調整済のデータ比較です（図10.5）。

図 10.5 実測値と季節調整済データ

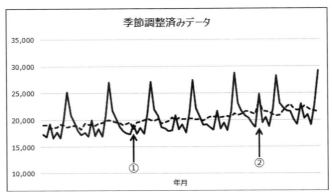

　データは 2009 年 1 月〜 2015 年 8 月でした。実測値では 3 月に少し売上があがり、それから落ちこみ、8 月をピークに再び落ちこむという 1 年のサイクルがグラフから予測できます。季節調整済データを確認すると、図 10.5 の① 2011 年の 3 月に関しては成長していません。

　さらに、毎年夏（8 月）に売上高はピークを迎えますが、成長率は緩やかです。図 10.5 の② 2014 年の 3 月には、3 月としてはデータのなかでいちばんの成長を確認できますが、同年の 8 月には前年比でマイナスの成長となりました。

　このようにマクロな視点ではわからない、周期性のある時系列データの本質を知ることができるのが季節調整です。調整するための手法に、ふだんはなじみのないトリム平均を使いました。

　売上を構成する要因に「季節性」「トレンド性」「循環性」「無作為性」があります。今回は「季節性」にスポットをあてた説明となっています。

10.7　まとめ

　この章では、季節調整について学習しました。時系列データの実測値だけではわからない変動要因、ここでは季節による変動要因に着目してデータを整理しました。基本的な操作は第9章の移動平均と同じですが、そこから季節変動値、季節指数を求め、さらに実測値に季節指数を考慮したデータ（季節調整済データ）を求めました。これにより時系列データが周期的に同じ動きをしていることを読み解くことができます。

　以上のように、季節指数では実測値データがいつ増える傾向にあるのか、またはいつ減る傾向にあるのかといった予測にも利用できる場合があります。学習した分析方法を使って、時系列データの本質がわかるのです。

　ビジネスにおいても、繰り返し生じる変化のパターンを把握し、最適な対応をとるために季節調整の考えかたは役に立ちます。

章末問題

知識問題

　次のなかから、正しいものをひとつ選んでください。

1. 日本のような四季がある国において、季節調整は有効である。
2. 冬は季節指数が小さい傾向がある。
3. トリム平均は、季節により幅を変化させる。
4. 季節調整は、時系列データから規則的な変動要因を排除する処理である。

操作問題

　10.5 で求めた季節指数を使って、2016 年度の売上を予想してください。

季節指数

1月	2月	3月	4月	5月	6月	7月	8月	9月	10月	11月	12月
0.91	0.88	1.04	0.90	0.95	0.87	1.05	1.35	1.10	1.03	0.96	0.94

　上記の季節指数のみの影響を受けるとすれば、2016 年度でいちばん高い売上高になる月は何月だと予測できるでしょうか。

3

ビジネス仮説
検証力 編

第11章 集計

> **Goal**
> ・仮説視点で、変数を原因と結果という視点で区別できる。
> ・質的変数と量的変数を区別できる。
> ・グループごとに要約ができる。

松井さん：うちの店に来てくれるお客さまを見ていると、たくさん買ってくださる方と、そうでない方がいるな。

武内さん：お客さまによって購入金額が、けっこう違いますね。

松井さん：何かパターンみたいなものがわかれば、対応策を考えられるのに。

武内さん：POSレジのデータに入っている、顧客情報を活用してみたらどうでしょうか。

このようにビジネスでは、購入金額など何か改善したい値に影響を与える要因を特定したいというシーンが多く見られます。ここでは、「集計」という方法から分析してみましょう。

11.1 ふたつの変数の関係に着目する

ビジネス活動のなかには、顧客情報が大量に保存されています。このデータをそのまま眺めていても、なかなか傾向はわかりにくいものです。そこで、第1部では要約という方法を学習しました。ここでは、グループごとの要約、つまり集計という分析方法を学習します。

具体的な例として、POS レジ[1] で記録されるデータを取りあげます。図 11.1 はデータの抜粋です。1 行に 1 回のレジデータとして、購入金額と顧客の性別、年代が記録されています。

図 11.1 性別、年代、購入金額

	A	B	C	D	E	F
1	ID	性別	年代	購入金額		
2	1	女性	10代	1,788		
3	2	男性	10代	1,847		
4	3	男性	10代	1,664		
5	4	女性	10代	1,916		
6	5	男性	10代	1,446		
7	6	女性	10代	1,427		
8	7	男性	10代	1,647		
9	8	女性	10代	1,845		
10	9	男性	10代	1,710		
11	10	女性	10代	1,618		
12	11	男性	20代	1,844		
13	12	女性	20代	1,327		

データに含まれる変数を眺め、まずはそれぞれの変数を「原因」と「結果」という視点で確認していきます。このデータに含まれる「性別」「年代」「購入金額」の 3 つの変数は、それぞれどういう関係にあるでしょうか。

原因と結果は、「○○の値が変わると、△△の値が変わる」という関係で、○○が原因、△△が結果と考えられます。この例でいえば、「性別」と「年代」が原因、「購入金額」が結果となります。それは、以下の関係を想定できるからです。

・性別が異なれば、購入金額が異なる。
・年代が異なれば、購入金額が異なる。

---

1 POS レジ：小売店などで販売時に商品名や価格などの情報を記録できるレジスターです。

それに対して、「性別が異なれば、年代が異なる」という関係は想定しませんので、今回は、上記ふたつの関係が原因と結果の関係となります。ビジネスではより積極的にこの関係性を具体化していきます。

　たとえば、以下のようなものです。

　　・男性のほうが、購入金額が多い。
　　・年代が若いほど、購入金額が多い。
　　・ほかの年代よりも、30代は購入金額が多い。

　なぜ、このように具体化したほうがよいかといえば、ビジネスの場合、単に「年代と購入金額に関係がある」ことがわかるだけでは不十分だからです。より具体的に「30代の購入金額が多いから、そこを狙おう」とか「50代の購入金額が少ないから、増やせる施策を考えよう」などの知見を得ることを期待されます。

　この段階では、まだ図11.1のデータの値を分析したわけではありませんので、あくまで「こういう関係がありそうかも」という仮の視点です。そのため、この関係を**仮説**と呼びます。頭に「仮」と付けていますので、本当にその考え方（関係性）が正しいかどうか確認する必要があります。この確認の仕方には、仮説検定[2]という確率的な判断を使った高度のものもありますが、簡単な集計やグラフだけでも仮説の検証は可能です。そして、この集計やグラフでの仮説の検証のポイントさえつかんでしまえば、確率的判断である仮説検定もわかりやすくなります。

　それでは、演習用ファイル「集計.xlsx」のデータを使った仮説の検証を集計とグラフで行う方法を学習していきましょう。

11.2　仮説のタイプを確認する

　まず、「男性のほうが、購入金額が多い（性別が異なると、購入金額が異なる）」という仮説の検証を行います。ここで確認ですが、原因が「性別」、結果が「購入金額」です。以下、それぞれを**原因系変数**、**結果系変数**と呼ぶこととします。

　この原因系変数と結果系変数の組み合わせである「仮説」を検証するまえに、確認しておくべきことがあります。それは、変数の種類の確認です。

　変数は、大別すると**質的変数**と**量的変数**に分けられます。

　質的変数とは、その変数に含まれる値が「男性」「女性」というように選択肢になっているものです。ここでは「性別」と「年代」は、選択肢の値が入力されていますので、質的変

2　仮説検定：標本の母集団に対してある仮説が成り立つかを確率的に判断する検定で、統計手法のひとつです。本書では解説しません。

数です。なお、男性＝1、女性＝2と選択肢が数字で入力されていても、それは選択肢に連番を振っているだけですので、質的変数です。1、2と数字で入力された変数が質的変数であるかどうかは、その数字を足したり、掛けたりして意味があるかで判断します。1（男性）＋2（女性）＝3という数式に意味はありませんから、性別が質的変数であることは明らかです。

一方、「購入金額」は数値で入力されており、かつ、500円＋320円＝820円というように計算することに意味がありますので、質的変数ではなく量的変数になります。「質的変数＝選択肢、量的変数＝計算できる数値」と覚えておけばよいでしょう。

この点を踏まえると、今回の仮説「男性のほうが、購入金額が多い（性別が異なると、購入金額が異なる）」は、原因系が質的変数、結果系が量的変数という組み合わせであることがわかります。

なぜ変数のタイプを確認するのかというと、この組み合わせによって、仮説を検証する方法が異なるからです。といっても、それほど難しくありません。この組み合わせは、以下の4つしかありませんので、それぞれに対応した集計やグラフを描くことができれば、仮説を検証できるということになります。

タイプ1 　原因：質的変数　→　結果：量的変数
タイプ2 　原因：質的変数　→　結果：質的変数
タイプ3 　原因：量的変数　→　結果：量的変数
タイプ4[3] 　原因：量的変数　→　結果：質的変数

第3部では、タイプ1とタイプ2、そしてタイプ3の仮説を検証する方法を学習していきます。

11.3　質的変数（原因）→量的変数（結果）の仮説を検証する

タイプ1の「原因：質的変数→結果：量的変数」の場合、質的変数の選択肢ごとに、量的変数の平均値を計算します。この例では、性別（男性、女性）ごとに、購入金額の平均を計算します。

もし、男性と女性で購入金額の平均値が大きく異なれば、仮説「男性のほうが、購入金額が多い、または少ない（性別が異なると、購入金額が異なる）」といえそうですし、あまり差がなければ、この仮説は正しくなさそうだと判断するでしょう。ということで、Excelでこの選択肢（グループ）ごとの平均を求めてみましょう。ここで使う機能は「ピボットテーブル」です。

3　タイプ4の量的変数から質的変数への影響を想定する仮説については、判別分析やロジスティック回帰など高度な分析が必要となりますので、本書では取りあげません。

① 演習用の Excel ファイル「集計 .xlsx」を Excel で開きます。ファイルが開いたら、セル範囲 A1:D71 までデータがあることを確認して、セル A1 をクリックします。

② [挿入] タブの [テーブル] グループにある [ピボットテーブル] をクリックします。Excel は隣り合うセルにデータがある場合、自動的に範囲を選択する機能があります。

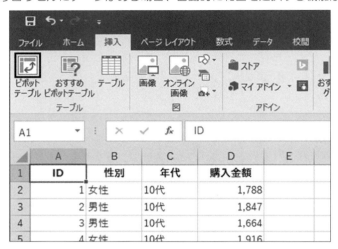

③ [ピボットテーブルの作成] ダイアログボックスが表示されたら、[テーブル / 範囲] に「Sheet1!$A$1:$D$71」と指定されていることを確認します。
　ピボットテーブルレポートは新規ワークシートに配置するので、その他の設定は変更せずに [OK] ボタンをクリックします。

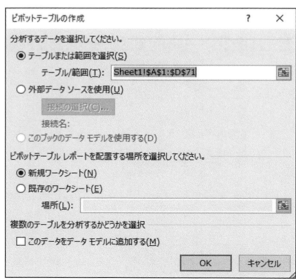

なお、先に集計したいデータ範囲を選んでから、［ピボットテーブル］をクリックすると、［テーブルまたは範囲を選択］には、選択したデータ範囲が入力されます。1枚のワークシートに複数の表が存在していたり、集計に使用するデータ範囲が表の一部だったりする場合は、事前にデータ範囲を選択しておくのが便利です。もちろん、このダイアログボックスが開いてからデータ範囲を指定することもできます。

④ 次の図のような新しいシートが追加されます。

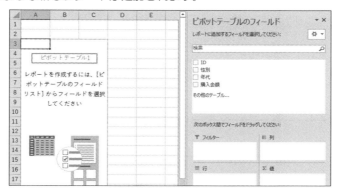

では、ピボットテーブルを使って集計していきましょう。

⑤ 画面右側の作業ウィンドウ［ピボットテーブルのフィールド］の［レポートに追加するフィールドを選択してください］にある［性別］を選択して、［行］フィールドにドラッグします。同様に［購入金額］を選択して［値］フィールドにドラッグします。すると、ワークシート上の空欄になっていたエリアに表が作成されます。ドラッグする操作が難しい場合は、項目を右クリックして、表示されるメニューからもフィールドを選択できます。

　ここで注意が必要です。この結果を見ると、男性、女性ごとに、購入金額の「合計」が計算されています。データに含まれる男性の数と女性の数が同じとは限りませんので、合計の比較では仮説の検証はできません。データ数の影響を取り除くために、「平均」を用います。

そこで、集計の仕方を「合計」から「平均」に変更します。

⑥［ピボットテーブルのフィールド］作業ウィンドウに戻り、［値］フィールドを見ると、「合計/購入金額」となっていることがわかります。この合計を「平均」に変更します。「合計/購入金額」の［▼］ボタンを押して、メニューから［値フィールドの設定］をクリックします。

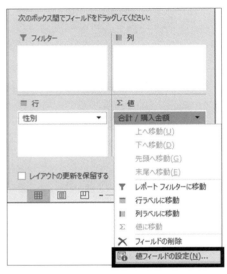

⑦［値フィールドの設定］ダイアログボックスが表示されたら、［集計方法］の一覧から［平均］を選び、［OK］ボタンをクリックします。
　［集計方法］には、合計、データの個数、平均、最大値などが指定できるようになっています。

⑧ 集計の結果、男性の平均は¥1670.2、女性の平均は¥1547.2と約123円の差があることがわかります。今回、「性別によって購入金額が異なる」という仮説を分析しているので、この差が「たしかに、性別によって差がある」といえるかどうかを判断すれば、仮説の検証をしたことになります（画面では小数以下第3位に表示桁数をそろえています）。

	A	B	C
1			
2			
3	行ラベル ▼	平均 / 購入金額	
4	女性	1547.175	
5	男性	1670.167	
6	総計	1599.886	
7			

11.4　仮説の検証に必要な視点を考える

　性別によって購入金額に差があるといえるのかを考えるときに、ふたつの視点が必要です。ひとつは、その差が「実務的に意味のある差といえそうか」という視点です。今回は、約123円の差がありましたが、この差を大きいと考えるか、小さいと考えるかは、実務的な判断が必要です。仮に、この店の1人あたりの目標金額が1,600円だとすれば、男性平均のみこの目標に達していて、意味のある差だということになるかもしれません。また、もし目標金額が1,900円なら男女平均とも達していないため、差を考える以前の問題となるかもしれません。

　重要なことは、この結果を何に使うのかという点です。したがって、仮説の判断は、その差（傾向）の意味を考えることがもっとも重要な視点となります。統計学やデータ分析を使う際に、この点を忘れてしまうことがありますので注意してください。

　もうひとつの視点は結果の安定性の視点です。「結果の安定性」とは、その平均値や差によって、結果がころころ変わったりしないかという視点です。例をもとに考えてみましょう。

　仮に、今回の分析対象が男性2人、女性2人の計4件のデータだとすれば、男性平均も女性平均も、2件ずつのデータで平均を計算したことになります。直感的にわかるとおり、この結果は安定性が低い結果です。なぜなら、その2人がたまたまたくさん買う客だったり、逆にまったく買わない客だったりするかもしれないからです。

　一方、このデータが男性200人、女性200人ずつのデータだとすれば、それぞれの200人全員が、たまたまたくさん買う客だということは、ほとんど起こらないでしょう。データ数が多いほうが、そこから得られた平均値は、この店の実際の平均像に近いと思えるはずです。そこで必要なのは、分析に使ったデータ件数を確認するという視点です。

　以上を踏まえ、データ件数を集計してみましょう。11.3の⑦と⑧の手順と同じ方法で確

認します。⑦では「平均」を用いましたが、ここでは［データの個数］を使います。詳細な手順は示しませんが、データの個数を求めると、図 11.2 のようになり、女性のデータが40 件、男性のデータが 30 件であったことがわかります。

図 11.2　データの個数を求める

	A	B	C
1			
2			
3	行ラベル ▼	データの個数 / 購入金額	
4	女性	40	
5	男性	30	
6	総計	70	
7			
8			
9			

なお、データの個数がどれくらいあれば安定しているといえるのか、そして仮説が成り立っているといえるのかについては、本書では扱いません。仮説検定（ t 検定[4]）という手法を使うと、データの個数と差の大きさ、そしてデータのばらつきから、仮説が成り立っているといえるかどうかを判断できるようになります。

11.5　質的変数（原因）→質的変数（結果）の仮説を検証する

次に、集計による仮説の検証方法を学習します。質的変数から質的変数への影響を考えてみましょう。

11.3 では男女ごとに購入金額の平均を比較しましたが、ここでは平均ではなく、男女ごとに購入金額のランクを比較するという方法を考えます。そのために、購入金額のランク分けを行いましょう。

列 D「購入金額」のデータをもとに、4 つのランク（質的変数）に分ける操作から始めます。この例のように量的な変数（購入金額）を区切って質的変数にする方法はいくつかありますが、ここでは「IF」[5] 関数を使って、質的変数である「購買ランク」を作成します。なお、区切る基準は、以下のものとします。

4　t 検定：平均の差の検定。2 つのグループ間の平均の差について検定する統計手法のひとつです。

5　IF 関数：イフ。指定した条件（論理式）を判定し、条件を満たす場合と満たさない場合で異なる処理をする関数です。関数の書式→＝ IF（論理式、真の場合、偽の場合）

ランクA　2,000 円以上の購買
ランクB　1,500 円以上の購買
ランクC　1,000 円以上の購買
ランクD　1,000 円未満の購買

① 列 E に「購買ランク」を入力します。

	A	B	C	D	E	F
1	ID	性別	年代	購入金額	購買ランク	
2	1	女性	10代	1,788		
3	2	男性	10代	1,847		
4	3	男性	10代	1,664		
5	4	女性	10代	1,916		
6	5	男性	10代	1,446		
7	6	女性	10代	1,427		
8	7	男性	10代	1,647		
9	8	女性	10代	1,845		

　4 つのランクに区切るまえに、IF 関数の練習をしておきましょう。セル E2 を選択して、［数式バー］に以下のような IF 関数を入力します。

　　= IF(D2>=2000,"A","B")

　この数式は、セル D2 の購入金額が 2,000 円以上なら A を表示する、2,000 円未満なら B を表示するという意味です。セル D2 の値は 1,788 円ですので、セル E2 には B が表示されます。この数式では 2 つのランク A と B を区切ることができます。さらに、4 つのランクに区切るには、IF 関数に IF 関数をネスト（入れ子）にしていきます。セル E2 のデータは削除します。

　なお、関数は［数式バー］に直接入力したり、セルに直接入力したりできますが、［数式］タブの［関数ライブラリ］にある［論理］のリストから IF 関数を挿入することもできます。

② セル E2 を再度選択します。4 つのランクの結果を求めるので、今度は 2,000 円未満の部分をさらに分割していきます。
　IF 関数を次のようにネストにすることによって、より細かく分割することができます。

　　=IF(D2>=2000,"A",IF（D2>=1500,"B",IF(D2>=1000,"C","D")))

　数式の意味は、「= もし（D2 が 2,000 円以上を満たす場合は A を表示、そうでない場合は IF 関数で再度条件を定義（D2 が 1,500 円以上を満たす場合は B を表示、そうでない場

127

合は IF 関数で条件を再々定義（D2 が 1,000 円以上を満たす場合は C を表示、そうでない場合 D を表示）））」です。IF 関数の「偽の場合」に IF 関数の論理式を 2 度定義することで、4 つのランクに区切ることを実現しています。

　この IF 関数によって、ランク A から D に分割できます。

				fx	=IF(D2>=2000,"A",IF(D2>=1500,"B",IF(D2>=1000,"C","D")))					
	A	B	C	D	E	F	G	H	I	J
1	ID	性別	年代	購入金額	購買ランク					
2	1	女性	10代	1,788	=IF(D2>=2000,"A",IF(D2>=1500,"B",IF(D2>=1000,"C","D")))					
3	2	男性	10代	1,847						
4	3	男性	10代	1,664						
5	4	女性	10代	1,916						

　③ E2 の数式をオートフィルで 71 行目までコピーします。全 70 行（70 人分）の購買金額をランク分けし、質的変数を得ることができました。

　④ 各ランクに何人の顧客がいるかを集計します。ここでもピボットテーブルを活用します。ピボットテーブルの作成手順は 11.3 の①～④までを参照してください。

　⑤［ピボットテーブルのフィールド］作業ウィンドウの［列］フィールドに「購買ランク」を追加します。ピボットテーブルの表の上側にデータに含まれる選択肢（この場合、A～D）の枠ができます。今回のデータには、1,000 円未満の購入金額の顧客（D）がいないため、A から C で表がつくられます。

	A	B	C	D	E	F
1						
2						
3	列ラベル					
4	A	B	C	総計		
5						
6						
7						
8						
9						

　⑥［値］フィールドにも「購買ランク」を追加します。すると、自動的に集計方法が「データの個数」となり、それぞれに該当するデータの個数が表に表示されます。この例では、「70 件中 A ランクに該当するのは 6 件だ」という具合に全体傾向を把握できます。

	A	B	C	D	E
1					
2					
3		列ラベル			
4		A		B	C	総計
5	データの個数 / 購買ランク		6	38	26	70
6					
7					
8					
9					
10					

　さて、ここで仮説に戻ります。ここでは、男女でこのランクの分布（構成割合）が異なるのではないかと考え、それを集計し、確認する方法を行います。このように質的変数と質的変数で表をつくり、その度数をカウントする表を「クロス集計表」といいます。

　⑦　⑥で作成したピボットテーブルの［行］フィールドに、「性別」を追加します。次の図のように「性別×購入ランク」という表が完成し、それぞれの割合に集計することができます。

	A	B	C	D	E	F
1						
2						
3	データの個数 / 購買ランク	列ラベル				
4	行ラベル	A		B	C	総計
5	女性		2	21	17	40
6	男性		4	17	9	30
7	総計		6	38	26	70
8						
9						
10						

　度数の分布を見ると、C ランクに女性が多いようにも見えますが、ひとつ注意が必要です。それは、男女のデータ個数（男性 30 件、女性 40 件）が異なるということです。たとえば、B ランクは女性 21 件、男性 17 件ですが、それぞれ 40 件と 30 件で割って、割合で比較しないと、多いか少ないかの判断ができません。そこで、行方向に 100 パーセントになるようにクロス集計表の計算の種類を変更します。

　⑧　［値］フィールドの「データの個数 / 購買ランク」の［▼］をクリックします。メニューから［値フィールドの設定］を選択します。

　⑨　［値フィールドの設定］ダイアログボックスが表示されたら、［計算の種類］タブを選

びます。

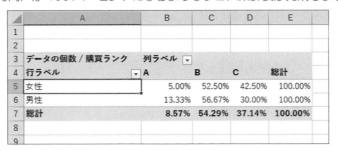

⑩ ［計算の種類］のリストで［行集計に対する比率］を選択します。すると、次の図のように横（行方向）が 100 パーセントになるようなクロス集計表が完成します。

	A	B	C	D	E
3	データの個数 / 購買ランク	列ラベル			
4	行ラベル	A	B	C	総計
5	女性	5.00%	52.50%	42.50%	100.00%
6	男性	13.33%	56.67%	30.00%	100.00%
7	総計	8.57%	54.29%	37.14%	100.00%

　これであれば、サンプル数の違いを加味して比較できます。クロス集計を使って比較をする際には非常に重要なポイントとなりますので、忘れないようにしてください。
　この場合、A ランクは女性に比べて男性の割合が高そうだということが見てとれます。ただし、もう 1 点注意が必要です。それは、⑦の元の度数の表を見るとわかりますが、度数がとても少ないということです。たとえば、女性の A ランクは 2 人（2/40 = 0.05（5%））ですが、たまたま A ランクに 1 人増えて 3 人になれば、3/40 = 0.075（7.5%）と数字が大きく変わります。先ほど、平均値の比較のときにも指摘しましたが、データ件数が少ないと結果の安定性が低くなります。
　本書では、仮説検定という手法までは勉強しませんが、データの個数を踏まえて仮説を検

証する場合には、仮説検定（クロス集計の場合、カイ2乗検定[6]）という方法を活用する必要があります。ここでは、データ個数があまりに少ない場合には、仮説が成り立っていると断定するのが難しくなることだけを覚えておいてください。

　ちなみに、クロス集計をグラフにする場合、「100%積み上げ横棒グラフ」を使います。図11.3のように［ピボットテーブルツール］の［分析］タブにある［ピボットグラフ］を押して、［グラフの挿入］ダイアログボックスのなかの［横棒］そして、［100%積み上げ横棒］を選ぶと、図11.4のようなグラフができます。

図11.3　ピボットテーブルツールの100%積み上げ横棒グラフ

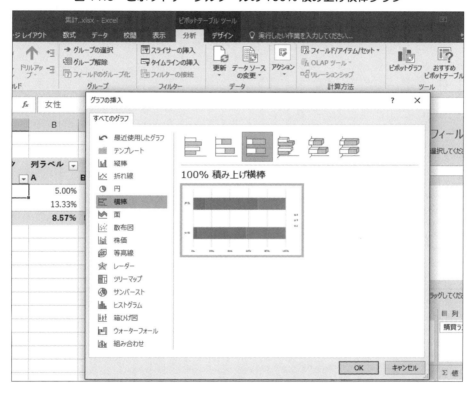

6　カイ2乗検定：χ2検定。カイ（χ）2乗分布を使用して、比較する事象に対する出現比率の検定を行う統計手法のひとつです。

図 11.4　100％積み上げ横棒グラフ

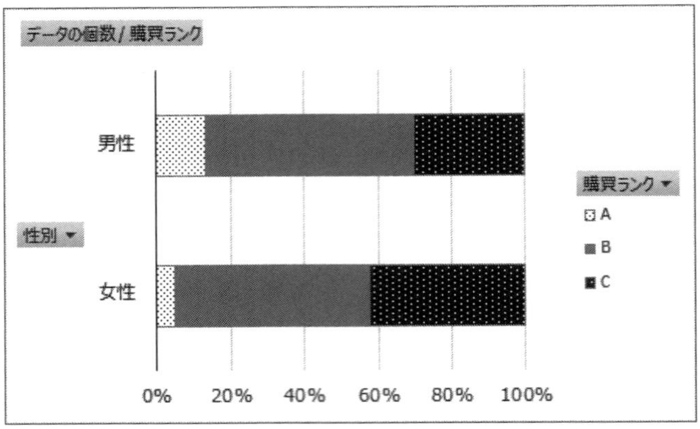

データの個数 / 購買ランク

性別 ▼
男性
女性

購買ランク ▼
☒ A
■ B
■ C

0%　20%　40%　60%　80%　100%

11.6　まとめ

　この章では、ふたつの変数の関係に着目した分析を学習しました。なかでも、①性別という質的な変数と購入金額という量的な変数との組み合わせ、②性別と購入ランクという質的変数同士の組み合わせを分析する方法を学習しました。

　平均値の比較は、第 1 章で学んだ「AVERAGE」関数を使う方法もありますが、複数のグループの平均を一括して求めるにはピボットテーブルを使うのが便利ですので、活用できるようになりましょう。

　なお、平均値の差やクロス集計によるデータの構成の差から、仮説（性別によって購入金額が異なる、または性別によって購入ランクの分布が異なる）を検証する場合、単に平均値の差や分布の差では判断できない点を押さえておくことが重要です。その差は実務上意味がある差なのか、また、データの個数はどれくらいあるのかという点も確認してください。

　ビジネスにおいては、例のように、何か結果系に与える要因（原因系）を確認したいことがあります。その際、集計による比較という方法が有効になります。

章末問題

知識問題

次のなかから、誤っているものをひとつ選んでください。

1. 性別は、質的変数である。

2. 質的変数と質的変数の関係は、クロス集計で確認できる。

3. 質的変数のグループごとに量的変数の合計を計算すると関係を確認できる。

4. 差の判断には、実務的に意味がある差かという視点が重要である。

操作問題

次のデータから、会員カードを持っている人と持っていない人の購買金額の違いを、それぞれの平均を計算して比較してください。

（小数以下第2位で四捨五入して、小数第1位までの値を求めてください）

No	カードの所有	購買金額
1	持っていない	724
2	持っている	715
3	持っていない	674
4	持っている	743
5	持っている	882
6	持っていない	758
7	持っている	820
8	持っている	803
9	持っている	741
10	持っていない	789
11	持っていない	714
12	持っている	730
13	持っていない	641
14	持っていない	794
15	持っている	828

第12章 散布図

> **Goal**
> ・量的変数と量的変数の関係を折れ線グラフから確認できる。
> ・量的変数と量的変数の関係を散布図から確認できる。
> ・複数の散布図を比較できるようになる。

森岡さん：先月は、暑い日とそうでない日があったな。暑いと売れる商品もあるけれど、暑くないと売れなくなるし、逆に暑くないほうが売れる商品もあるな。

石井さん：気温によって、買いたいものが違いますからね。

森岡さん：気温と売れ行きの関係がわかれば、気温の週間予測に合わせて仕入れができるかもな。

石井さん：では、POSレジのデータをもとに分析してみましょうか。

このように、ビジネスでは、しばしば量的な変数と量的な変数の関係に着目したい場合があります。折れ線グラフと散布図を使って、この関係を視覚化してみましょう。

12.1　量的変数と量的変数の関係を知る

ビジネスデータのひとつの特徴は、時系列データであることです。日々蓄積されるデータをもとにビジネスのヒントを得ようというときがよくあります。今回は、気温と商品の売上について分析します。

気温と売上個数はともに量的な変数ですので、量的変数と量的変数の組み合わせを分析することになります。この章では、この関係を明らかにするために、まずグラフを使ってみましょう。

ここではPOSレジで記録されるデータに気温を追加した例にします。図12.1はこのデータの抜粋です。ある店舗の2015年7月1日〜31日の日ごとのデータで、1行ごとに毎日のレジデータから計算した商品カテゴリ別の売上金額（単位：万円）と、この地域の最高気温のデータがはいっています。

図12.1　商品カテゴリ別の売上金額と最高気温

	A	B	C	D	E	F	G
1	年月日	曜日	最高気温(℃)	アルコール	肉類	魚類	野菜
2	2015/7/1	水	22.4	2.3	17.4	13.1	9.6
3	2015/7/2	木	25	3.8	15.4	9.9	0.6
4	2015/7/3	金	23.4	3.1	19.4	16.6	1.1
5	2015/7/4	土	25.9	4.2	18.5	16.6	10.6
6	2015/7/5	日	21.9	2.8	15.3	12.6	11.5
7	2015/7/6	月	21.1	3	18.8	16.7	7.5
8	2015/7/7	火	24.3	3.7	19.7	10.4	16.4
9	2015/7/8	水	26.6	3.5	19.9	13.3	0.9
10	2015/7/9	木	20.4	2.8	18.7	17	11.4
11	2015/7/10	金	28.9	4	15.7	12.6	2.2
12	2015/7/11	土	31.3	4.6	18.9	5.1	1.1
13	2015/7/12	日	32	3.9	17.3	15.7	3.4
14	2015/7/13	月	34.2	5.5	18.3	5.9	4.4
15	2015/7/14	火	34.3	3.6	17.3	5.6	2.6
16	2015/7/15	水	33.2	4.6	15.3	4.8	1.4
17	2015/7/16	木	28.9	4.6	16.0	17.4	18.4

今回、変数の組み合わせを分析しますが、まずはそれぞれの変数の基本統計量を見ておきます。ここでは、すでに学習した関数を使用して、最小値（MIN）と最大値（MAX）、そこから計算される範囲（レンジ）、そして平均値（AVERAGE）、標準偏差（STDEV.P）を計算します。次の表12.1はそれをまとめた結果です。

135

表 12.1　各変数の要約

列 1	最高気温	アルコール	肉類	魚類	野菜
最小	20.4	2.3	15.3	3.8	0.5
最大	35.8	5.7	19.9	17.4	18.5
範囲	15.4	3.4	4.6	13.6	18.0
平均	30.1	4.1	17.7	11.1	7.2
標準偏差	4.7	0.8	1.5	4.0	6.1

　この結果から、いくつかのことが見えてきます。

　まず、原因となる変数の気温ですが、最高気温がいちばん低かったのは 20.4℃で、いちばん高かったのは 35.8℃と、同じ 7 月の期間でも、15.4℃もの差があることがわかります。もしこの範囲が小さければ、気温によって売れるものや売れないものを分析しても、あまり顕著な傾向は出ないかもしれません。

　次に結果となる変数の各カテゴリの売上金額ですが、平均を見ると、肉類がいちばん売れていて、続いて魚類、そして野菜、アルコール飲料と続きます。また、最小と最大を見ると野菜は極端に売れない日があるのに対して、肉類はあまり売れない日がないという傾向も見られます。

　変数間の関係を見るまえに、だいたいのところだけでも全体の傾向を見ておくことは分析の大切なポイントです。

12.2　量的変数と量的変数の関係をグラフ化する(1)：折れ線グラフ

　それでは、気温とそれぞれのカテゴリの売上金額との関係をグラフ化します。量と量の関係を分析するには、散布図という方法があります。ただし、第 2 章で見たとおり、時系列データの場合、散布図を描くまえに、折れ線グラフを作成しておきます。

　気温とアルコールの売上金額の関係を図 12.2 のような折れ線グラフで表してみます。

図 12.2 気温とアルコール飲料の売上金額（折れ線グラフ）

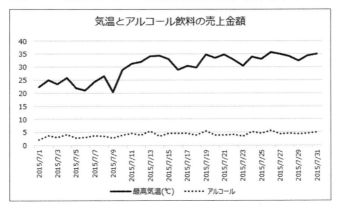

　グラフからでは、アルコール飲料が横ばいに対して気温は日が進むにつれて上昇しており、両者に関係がないように見えるかもしれません。ただし、注意が必要です。両変数の単位が異なるため、値が小さいアルコール飲料の動きが小さく見えているかもしれないからです。そこで気温を表す軸と、アルコール飲料の売上金額を表す軸をそれぞれ左側と右側に分けたグラフを作成します。

① 学習用ファイル「散布図.xlsx」を開き、「12章_折れ線グラフ」シートを表示します。

② 「日付」のデータ範囲 A1:A32 と「気温」のデータ範囲 C1:C32、「アルコール」のデータ範囲 D1:D32 を選択します。離れた列のデータを選択する場合は、最初に「日付」データを選んだあと、[Ctrl] キーを押しながら「気温」と「アルコール」のデータであるセル範囲 C1:D32 を選択します。

③ [挿入] タブの [グラフ] グループにある [折れ線/面グラフの挿入] をクリックします。[2-D 折れ線] に分類されている [折れ線] を選択します。

④ 右側の軸に「アルコール」の系列を示します。グラフ上のアルコールの線を選択して線上で右クリックし、[データ系列の書式設定] を選択します。

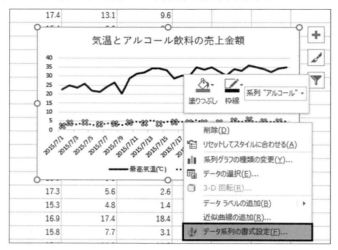

⑤ [データ系列の書式設定] 作業ウィンドウが右側に表示されたら、[系列のオプション] の [使用する軸] で [第2軸] を選択します。

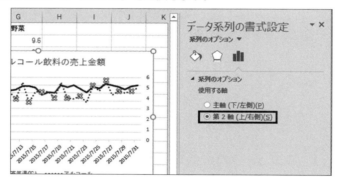

⑥ 最高気温は左側の軸を、アルコール飲料の売上は右側の軸を採用した折れ線グラフが作成できます。こうなると、最高気温とアルコール飲料の売上金額には、関連がありそうにも見えます。

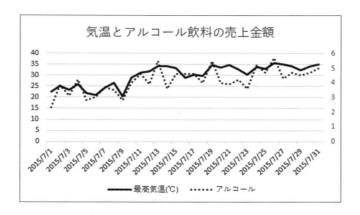

12.3　量的変数と量的変数の関係をグラフ化する(2)：散布図

ここでは時系列データだったので折れ線グラフを使った検討を行いましたが、量的変数間の関係を知るためには散布図を用いるとさらに見えてくることがあります。それでは、散布図を作成しましょう。

① 「第12章_散布図」シートを表示します。

② 散布図を作成する「最高気温」と「アルコール」のデータ範囲 C1:D32 を選択します。選ぶ範囲は縦軸と横軸ですので、2列を選ぶことになります。Excel では、選んだ左側の列を横軸に、右側の列を縦軸に採用した散布図が作成されます。

③ ［挿入］タブの［グラフ］グループから［散布図またはバブルチャートの挿入］をクリックします。［散布図］に分類されている［散布図］を選択します。

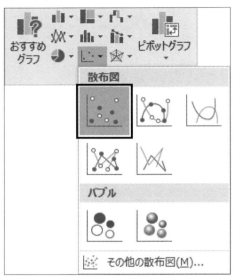

④ 次の図のような散布図が作成されました。この図を見ると、折れ線グラフよりも、最高気温（横軸）とアルコール飲料の売上金額との間に、「最高気温が高い日ほど、アルコール飲料の売上金額が多い」という関係がありそうなことがわかります（本書では、判読しやすいようにデータ系列のマーカーの色を変更しています）。

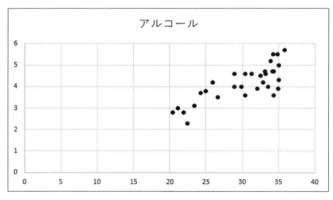

肉類、魚類、野菜についても同様に散布図を作成します。その際、グラフは同じ大きさで同じ縦横の比率で描くと比較しやすいですが、ひとつずつ散布図を作成すると、サイズなどを調整するのが難しくなります。そこで、以下のような手順で描くと同じ形のグラフを簡単につくることができます。

・同じ大きさのグラフを複数つくる方法

Step1：元となるグラフを作成する。

　タイトルの有無やドットの形や色などを加工するときは、この段階でしておきます。ここでは次の図のように整形したものを用意しました。

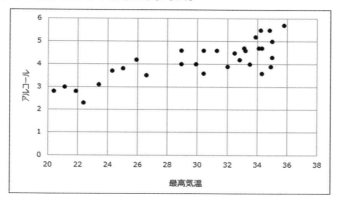

Step2：この散布図を必要な分だけ、コピーして並べる。

　コピーして並べることで、同じデザインのグラフを用意することができます。

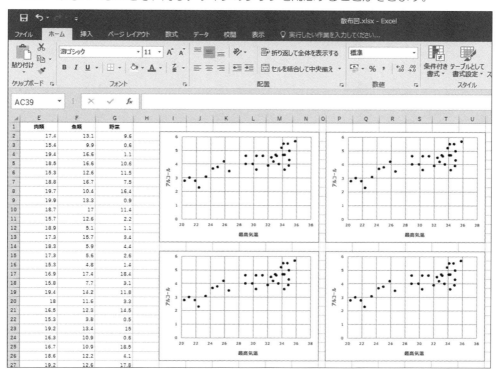

12・3　量的変数と量的変数の関係をグラフ化する(2)：散布図

141

Step3：複製したグラフのデータ系列を変更する。

　修正したいグラフのデータ系列をクリックすると、そのグラフに使用しているデータ範囲が紫（横軸用）と青（縦軸用）にハイライトされます。青にハイライトされた線上をポイントして肉類などにドラッグすると、データ系列を変更した散布図が完成します。あとは、縦軸の軸ラベルを入力しなおすなどすると、次の図のような結果が得られます。

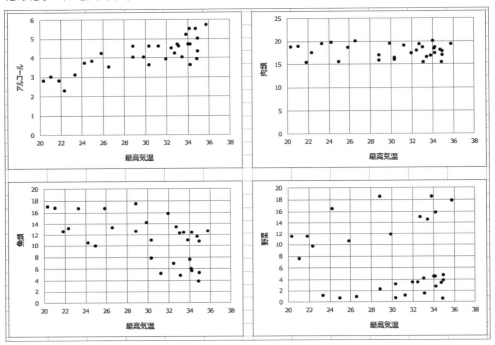

散布図を見ると、次のようなことが見てとれます。

・最高気温が高い日ほど、アルコール飲料の売上金額が増える。
・最高気温が変わっても、肉類の売上金額はあまり変わらない。
・最高気温が高い日ほど、魚類の売上金額は減っている。
・最高気温が変わっても、野菜の売上金額はあまり変わらない。ただし、2群に分かれているように見える。

　今回の目的が、最高気温から影響を受ける商品カテゴリの特定であったとすると、アルコール飲料へはプラスの影響が、魚類にはマイナスの影響があったということがわかります。
　ただし、傾向がないということも、ビジネス上は意味のある結果ということもあります。たとえば、肉類は最高気温の変化から影響をあまり受けていないように見えます。ということは、気温の変化ではない要因で売上が影響を受けている可能性がある、もしくはこの季節でいえば、気温に影響を受けない定番商品があるという可能性もあります。

さらに野菜では、全体として最高気温の変化から影響を受けていないようですが2群に分かれているように見え、もしこの2群に分けられる要因を特定できれば、それぞれの状況では、最高気温の変化から影響があるという傾向が見られるかもしれません。

これからさらなる分析を続けていくことになりますが、この章のまとめとして、散布図を使う際の注意点を確認しておきましょう。

図12.4は、最高気温とアルコール飲料の売上金額との散布図において、縦軸の目盛りを変えたものの比較です。

図12.4　最高気温とアルコール飲料の売上金額（目盛り変更後）

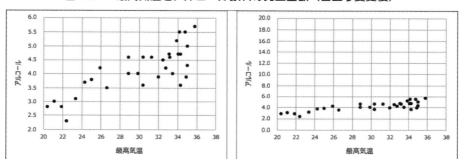

見ただけの印象でいえば、左の散布図のほうが、最高気温の変化からアルコール飲料の売上金額への影響が強そうに見えるのではないでしょうか。

12.4　まとめ

ビジネスにおいては量的な変数間の関係を分析する必要が多くありますが、散布図を使えば視覚的にその関係を確認できます。

ただし、このような関係性のグラフは、そのデザインによって受ける印象が異なるという特徴があります。したがって、これらの関係性をより客観的に評価するための統計指標の併用が望まれることになります。その一例として次の章では「相関係数」を学習していきます。

章末問題

知識問題

次のなかから、誤ったものをひとつ選んでください。

1. 折れ線グラフを使うと、時系列データでの量的変数と量的変数の関係を把握しやすくなる。
2. 散布図を使うと、質的変数と質的変数の関係を把握しやすくなる。
3. 折れ線グラフや散布図で関係性を比較するときは、軸の目盛りの単位や大きさを気にすることが大切である。
4. グラフによる関係性の把握は、グラフの見た目に左右されることを意識して活用する必要がある。

操作問題

次のデータから、最高気温とビールの売上本数との関係を表す散布図を作成してください。

番号	最高気温	売上本数
1	27.1	17
2	26	16
3	27	15
4	27.5	13
5	29.5	28
6	32	40
7	30.3	35
8	28	16
9	27.5	14
10	30	32

第13章 相関

Goal
・相関係数を使って、量的変数と量的変数との関係性を判断できる。
・散布図の傾向と相関の大きさを対応づけられるようになる。
・統計学的な相関と一般的な意味での相関の違いがわかるようになる。

森岡さん：散布図を使った気温と売上のグラフを見ると、たしかに関係がありそうに見えるな。

石井さん：これがわかると、気温が高くなりそうな日に売り出したい商品がわかりますね。

森岡さん：でも、散布図だとグラフを見る人によって判断が異なるし、グラフのデザインによっても結果が異なるんじゃないか？

石井さん：では、関係性を客観的に表す方法を探してみます。

このように、グラフはとても便利な半面、見る側の感覚に左右される部分があるため、それを補うために各種統計指標が利用されます。ここでは、相関関係を学んでいきましょう。

13.1 相関関係を確認する

前章では、折れ線グラフや散布図を使って、量的変数と量的変数との関係を確認する分析方法を学習しました。この章では、それを客観的に判断する指標として、「相関分析」という方法を学習していきましょう。

まず、**相関**とは何かについて説明します。相関とは読んで字のごとく「相手との関係」を表す指標です。ただし、日常で「相関がある」という言葉を使うときには、ふたつの物事の間に関係があることを意味しますが、統計学ではもう少し限定的な意味で用いられるので注意が必要です。まず統計学での相関の意味を学習します。

なお、相関という指標（**相関係数**）はひとつではありませんが、統計学で相関といった場合は、ほぼ**ピアソンの積率相関係数**を表します。Excelでも相関を計算すると、ピアソンの積率相関係数を求めることができます。以下、とくに断りなく「相関」と使うときは、ピアソンの積率相関係数を指すことにします。

13.2 相関（ピアソンの積率相関）とは何かを知る

統計学で相関といった場合、それは2変数間の直線関係の程度を表します。たとえば、図13.1の「最高気温と最高気温」というように同じ変数で散布図を作成したとします。この場合、完全に直線の上に点が乗ることになります。

図 13.1 同じ変数の散布図

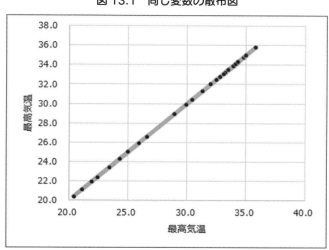

つまり、この状態は「ふたつの変数の関係が完全に直線関係にある」ということを示しています。このように「直線関係の度合い」を数値化したものが相関係数です。

　具体的に計算してみます。Excel では「**CORREL**」[1] 関数を用います。図 13.2 のように最高気温と最高気温が入力されていたとします。

図 13.2　CORREL 関数の例

G2	▼	⋮	×	✓	*fx*	=CORREL(C2:C32,D2:D32)	

◢	A	B	C	D	E	F	G	H
1	年月日	曜日	最高気温(℃)	最高気温(℃)				
2	2015/7/1	水	22.4	22.4			1	
3	2015/7/2	木	25	25				
4	2015/7/3	金	23.4	23.4				
5	2015/7/4	土	25.9	25.9				
6	2015/7/5	日	21.9	21.9				
7	2015/7/6	月	21.1	21.1				
8	2015/7/7	火	24.3	24.3				

　任意のセルに、次の数式を入力します。

　=CORREL（変数 1 の範囲，変数 2 の範囲）

　注意しなければならないのは、ふたつの変数のデータの個数（行数）を同じにしなければならない点です。今回の例では、以下のように入力することになります。

　=CORREL（C2:C32,D2:D32）

　すると、1 という結果が計算されます。つまり、ふたつの変数の直線関係は 1 ということになります。なお、Excel で相関を計算する方法として、もうひとつ「PEARSON」[2] 関数があります。このふたつは、同じ結果が計算されますので、いずれかで計算します。

　もし、図 13.3 のようなデータがあったとすると、直線関係が見られないため、相関は 0 に近い値（図 13.3 のデータで相関を計算すると -0.0067）になります。

1　CORREL 関数：コーレル。ふたつのデータ間の相関係数を求める関数です。

2　PEARSON 関数：ピアソン。ふたつのデータ間のピアソン積率相関係数を求める関数です。

図 13.3 直線関係がほとんどない相関図

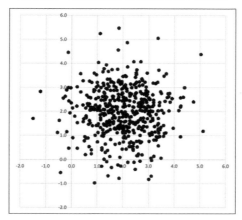

このように相関は0から1の範囲で直線関係の程度を表します。なお、直線関係には、右肩上がり（ふたつの変数が同じ方向に動く：＋）関係と、右肩下がり（ふたつの変数が逆方向に動く：－）関係があります。そこで、相関係数は0から1の値に符号を付けて、－1から＋1の間をとることになります。

いくつ以上なら相関関係があるのかという明確な基準はありません。それは、どれくらい直線関係が強ければ直線関係があるというのか、テーマや判断者によって異なるためです。一般的には以下のような区分をすることが多いですが、あくまで目安であり、唯一の基準ではありません。

- 絶対値[3] 0.7 以上　　　　　　強い相関がある（強い直線関係がある）
- 絶対値　0.4 以上　0.7 未満　　相関がある（直線関係がある）
- 絶対値　0.2 以上　0.4 未満　　弱い相関がある（弱い直線関係がある）
- 絶対値　0.2 以下　　　　　　　ほとんど相関がない（ほとんど直線関係がない）

ビジネスにおいて扱う場合には、**相関関係＝直線関係**ということを知らない人が結果を読む可能性がありますので、相関というよりは「直線関係」と表現し、「ふたつの変数には、直線関係（相関）がある」とするほうが、誤解が少なくなります。図 13.4 に4つの相関係数の値の散布図をまとめました。どれくらいの傾向だとどれくらいの相関係数の値になるかを把握しておくことも重要ですので、確認してください。

3　絶対値：±の符号をとった値のこと。＋0.7 と－0.7 はともに絶対値 0.7 となります。

図 13.4 相関係数の違いによる散布図

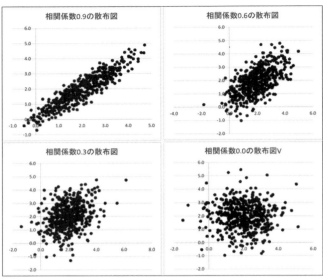

13.3 分析ツールを使用して相関を計算する

　相関を計算するには関数で行うのが簡単ですが、変数の数を増やしたり、変数を組み合わせたりすると、関数では入力する手間がかかります。Excel の分析ツールを使用して相関を計算する方法がありますので、第 12 章でも使用した気温と各商品カテゴリ別の売上金額のデータを使って、その方法を確認します。なお、Excel に分析ツールを追加する方法はすでに学習していますので、ここでは分析ツールが追加されていることを前提に解説を進めます。

① 学習用データ「相関係数 .xlsx」を開いて、「相関」シートを表示します。

② [データ] タブの [分析] グループから [データ分析] をクリックします。

③ [分析ツール] ダイアログボックスが表示されたら、一覧から [相関] を選択して [OK] ボタンをクリックします。

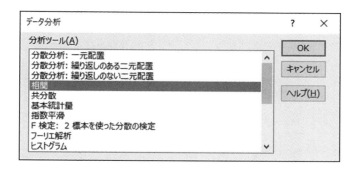

④［相関］ダイアログボックスが表示されたら、入力範囲にセル範囲 C1:G32 を指定します。1 行目はそれぞれの変数名なので、［先頭行をラベルとして使用］にチェックを入れます。出力オプションは既定のままで［OK］ボタンをクリックします。

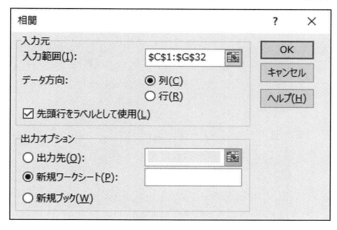

⑤ 新しいワークシートに次の図のような結果が出力されます。

	A	B	C	D	E	F
1		最高気温(℃)	アルコール	肉類	魚類	野菜
2	最高気温(℃)	1.000				
3	アルコール	0.799	1.000			
4	肉類	-0.086	0.055	1.000		
5	魚類	-0.563	-0.349	0.294	1.000	
6	野菜	-0.075	0.096	0.228	0.448	1.000

分析ツールを使うと、このように複数の変数の相関係数を一括して出力することができます。それでは、結果を確認していきます。相関関係と直線関係を比較するために、第 12 章で作成した散布図（図 13.5）を再掲しておきます。

図 13.5　商品カテゴリ別の売上金額と最高気温

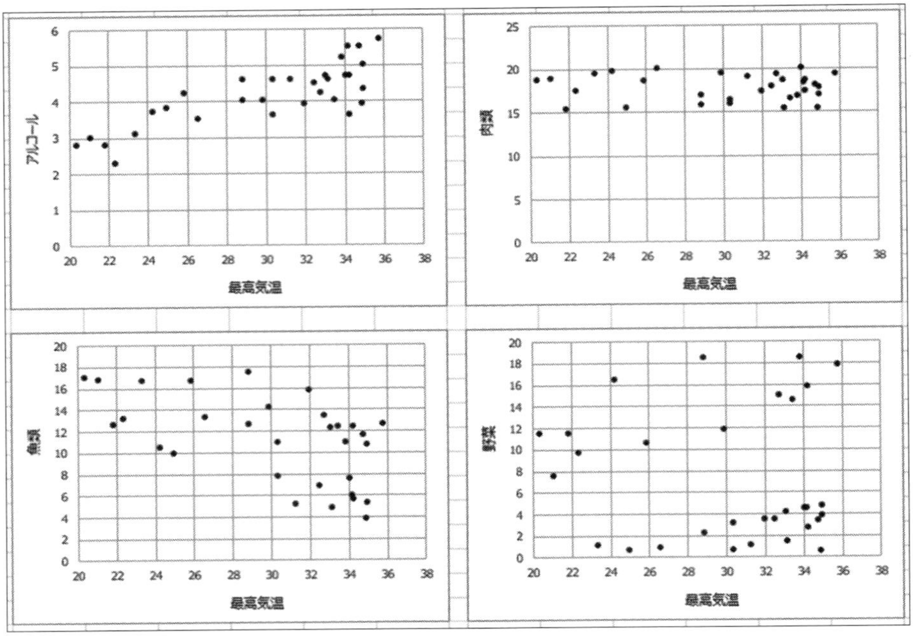

（散布図：最高気温とアルコール、肉類、魚類、野菜）

　　分析結果では、最高気温とアルコール飲料の相関係数は 0.799 と強い相関関係（直線関係）が確認できます。図 13.5 の左上の散布図でも、直線に近いものが見られます。

　　一方、最高気温と魚類は右肩下がりの傾向があります。相関係数は－ 0.563 とマイナスの値が付いています。ただし、最高気温とアルコールの関係ほど強い直線関係は見られませんので、－ 0.563 とさほど強くはない相関係数になっています。

　　肉類、野菜については、最高気温が上がっても、売上金額が増えたり減ったりという関係があまりありませんので、相関係数もそれぞれ－ 0.086 と－ 0.075 という 0 に近い値になっています。

　　相関係数の値は、当然グラフのデザインを変えても同じですので、見た目にまどわされない客観的な指標といえます。

　　このように直線関係から 2 変数の関係を確認したい場合には、散布図と相関係数の値を確認して分析することになります。

13.4　「相関がない＝関係がない」ではない

　　相関（ピアソンの積率相関係数）は直線関係の度合いを表していることはすでに説明しました。相関係数の値が 0 に近ければ、直線関係は（あまり）ないという結論になっても、変数の間に関係がないとはいえないことに注意が必要です。

　　図 13.6 の散布図のデータをもとに、相関係数を計算してみます。

図 13.6 散布図（気温と売上）

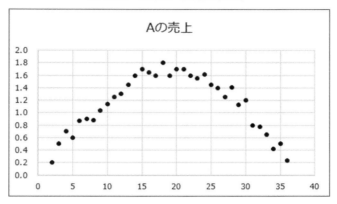

　この散布図を見れば、気温が高くなるとAという商品群の売上は高くなるものの、ある気温以上になると、かえって売れなくなるという傾向がわかるでしょう。補助線を引いた上に凸の傾向があります。

　しかしこのデータで相関係数を計算すると、0.02という結果になります。この結果から、最高気温と商品Aの売上の関係には直線関係は見られないとはいえても、「関係がない」とまでは断定できません。明らかに、山形の傾向があるためです。

　重要なのは、相関係数はあくまでも変数の直線関係を見ているのであって、関係性全般（いろいろな関係の形）まで判断できる指標ではないということです。

　なお、図13.6のようなデータの場合、区間を切って相関を計算することもできます。たとえば、図13.7のように区間を分ければ、それぞれ直線関係が見られます。このように相関を使う場合には、区間を区切る工夫も有効となります。

図 13.7 区間を分けた相関

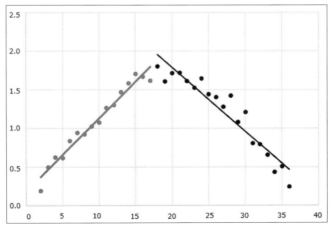

13.5 「相関がある＝因果関係がある」ではない

　もうひとつ重要なのは、データ分析では、関係があるから因果関係があるとは限らないという点です。

　たとえば、学習用データでは、最高気温とアルコール飲料の売上の相関係数は、0.799と強い相関関係が見られました。このことから、最高気温が高くなれば、アルコール飲料が売れるという原因と結果の関係が想定できそうです。だからといって、逆は成り立ちません。アルコール飲料の売上が増えれば、その日の最高気温が高くなるということはありえないからです。つまり、関係性があっても、因果関係の判断はそれ以外の情報が必要だということになります。データ分析や統計学の分析では、しばしば関係性の分析を行いますので、この点に気をつけてください。

　さらに押さえておくべきポイントは、「疑似相関」という視点です。たとえば、以下のようなケースを考えてみます。

　日々の売上データを分析したところ、アイスクリームの売上が多い日は、ビールの売上も多いという関係があり、相関係数も 0.9 という強い相関関係が見られたとします。この関係から、アイスクリームが売れるとビールが売れるとして、アイスクリームの売上がビールの売上を説明する原因となると考えていいでしょうか。アイスクリームがビールのおつまみになるのだとすれば、この関係が成り立つかもしれませんが、それは、あまりに不自然な仮定です。アイスクリームの売上がビールの売上を説明するというよりは、背後に共通要因があると考えたほうが自然ではないでしょうか。

　つまり、背後に「暑い日かどうか」という共通要因があり、「暑いからアイスクリームが売れる」と「暑いからビールが売れる」のふたつの関係から「暑いから、アイスクリームやビールが売れた」ということになり、アイスクリームとビールの売上に相関関係が見られるということがありえます。

　このように背景に共通要因があるために、ふたつの変数に関係がある場合を「疑似相関がある」といいます。疑似相関がありそうな場合、ふたつの変数の関係を直接解釈するとおかしな結果（アイスクリームをつまみにビールを飲むというような結果）を導いてしまう可能性があるので、注意が必要です。

13.6 まとめ

　ここまで散布図と相関係数から直線傾向の分析を行ってきました。もし、直線関係があるとすれば、さらにどんな分析ができるでしょうか。ビジネスにおいては、単に「関係が見られる」では十分ではないことがあります。直線関係があるのであれば、原因の値が動いたときに、結果がどれくらい動くのかといったことを知りたい場合もあるでしょう。

　これらの点を分析する方法として、次の章で回帰分析という手法を使った分析方法について学習していきましょう。

章末問題

知識問題

次のなかから、誤っているものをひとつ選んでください。

1. 相関係数を使うと、直線関係の強さを確認できる。

2. 相関係数は、＋に大きいほど直線関係が強い。

3. 相関係数が＋なら、右肩上がりの直線関係が見られる。

4. 相関係数が－なら、右肩下がりの直線関係が見られる。

操作問題

第12章の操作問題（☞ 144 ページ）のデータから、相関係数を計算してください（小数以下第3位で四捨五入して、小数第2位までの値を求めてください）。

第14章 回帰分析

> **Goal**
> ・回帰分析を使って、直線関係を具体化できる。
> ・傾きの検討で、原因からの影響の大きさを検討できる。
> ・R-2乗値を使って、原因の説明力を検討できる。

武内さん：価格付けによって、売れる日と売れない日があるのは経験的にわかっているが、いくら値下げをすると、どれくらい売り上げ個数が増えるのか分析できないか？

荒木さん：価格と売り上げ個数の関係を分析するということですね。

武内さん：5月の1か月ぶんのデータがあるので、分析してみてくれ。

荒木さん：承知しました。

このように、売上個数と価格との関係を具体化する場合、**回帰分析**を使うことができます。第 12 章と第 13 章では、量的変数と量的変数の関係について散布図や相関関係から分析し、直線関係を検討する方法を学習しました。

この章では、価格という量的変数と売上個数という量的変数のデータをもとに、回帰分析について学習していきましょう。

14.1　直線関係を詳しく調べる

まず、データを確認します。図 14.1 のように列 A に日付、列 B に価格、列 C に売上個数というデータがあったとします。まず、この価格と売上個数に関係がありそうか、散布図を使って確認します。

図 14.1　価格と売上個数

日付	価格	売上個数
5月1日	168	18
5月2日	168	24
5月3日	208	12
5月4日	208	9
5月5日	198	11
5月6日	198	18
5月7日	198	20
5月8日	168	23
5月9日	168	17
5月10日	208	18
5月11日	208	11
5月12日	198	12
5月13日	198	15
5月14日	198	19
5月15日	168	19
5月16日	168	21
5月17日	208	15
5月18日	208	9
5月19日	198	16
5月20日	198	16
5月21日	198	11
5月22日	168	21
5月23日	168	20
5月24日	208	11
5月25日	208	11
5月26日	198	12
5月27日	198	10
5月28日	198	16
5月29日	168	17
5月30日	168	24
5月31日	208	18

図 14.2 によると、価格が高い日ほど売上個数は少なく、価格が安い日ほど売上個数が多くなっています。全体としては、右肩下がりの傾向となっていることもわかります。
　相関係数を計算すると、－ 0.72 となりました。マイナスということは、負（右肩下がり）の強い直線関係があることになります。

図 14.2　散布図（売上個数）

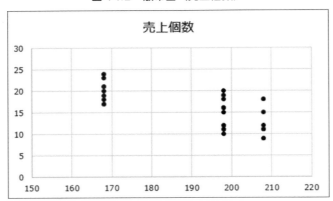

　せっかく直線関係が見られているわけですから、散布図にこの直線をあてはめてみます。第 12 章の復習で、散布図の作成から始めましょう。

① 演習用の Excel ファイル「回帰分析 .xlsx」の「回帰分析①」シートを表示します。

②「価格」データと「売上個数」データであるセル範囲 B1:C32 を選択します。

③ ［挿入］タブの［グラフ］グループから［散布図またはバブルチャートの挿入］をクリックします。［散布図］に分類されている［散布図］を選択してワークシートに挿入します（本書では、横軸の境界値の最小値を「150」、最大値を「220」に変更しています）。

④ 散布図の点のうち、どれか 1 つをクリックして、続けて右クリックします。

⑤ 表示されたメニューから［近似曲線の追加］をクリックします。

⑥ ［近似曲線の書式設定］作業ウィンドウが表示されたら、［近似曲線のオプション］の［線形近似］にチェックを入れます。線形とは、「直線」だと理解しておけば結構です。そして、［グラフに数式を表示する］にもチェックを入れます。

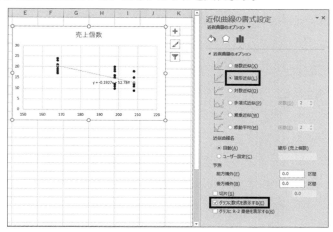

⑦ 散布図に直線と数式が追記されます。

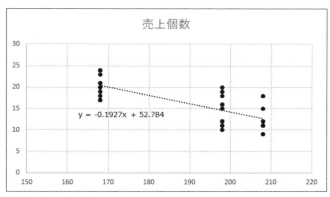

この仕組みは以下のとおりです。

まず、直線を引いてみて、その直線と実際の点のずれ（縦方向のずれ）を計算します。このずれはデータの個数ぶん計算できますので、ずれの合計がいちばん小さくなるような線を探していき、もっともずれ（実際には、ずれの2乗）の合計がいちばん小さい結果となる直線を、あてはまりのよい直線と見なして特定するという方法です。この方法を「**最小2乗法**」といいます。

ここで直線の式について確認していきましょう。中学時代に習う式に、一次関数というものがありました。y＝ax＋bという式です。直線は、この式で表せました。この式が何を意味しているかを、この例をもとに確認します。この式のxとは、原因系の変数を示しています。今回の例では、「価格が変わると、売上個数が増えたり、減ったりする」という関係を想定していますので、x（原因系）は「価格」です。

それに対して、価格が変わって影響を受けるのは「売上個数」ですので、こちらがy（結果系変数）ということになります。つまり、式は、以下のようになります。

売上個数＝a×価格＋b

14.2　y＝ax＋bの「a」とは何かを理解する

みなさんが中学生の頃、aはグラフの「傾き」と習ったと思います。傾きの意味は、「価格（x）が動くとaのぶんだけ、売上個数（y）が増えたり減ったりする」ということです。つまり、傾きaは「xからのyへの影響の大きさ」を表していることになります。

では、実際の値を見てみましょう。散布図に追加された式は、以下のとおりです（小数以下第2位で四捨五入してあります）。

売上個数（y）＝－0.19価格（x）＋52.78

つまり、価格が1円上がると、－0.19個だけ売上個数が減るということです。この式を求める分析手法を「回帰分析」といいます。

前章までの相関との関係を見てみましょう。相関係数とは、2変数の関係が直線的かどうかと、その関係が右肩上がりか右肩下がりかを知る指標でした。今回は、相関係数が－0.72でしたから直線関係があり、傾向は右肩下がりというところまではわかりました。これだけでは、価格を1円上げたり下げたりしたときの、売上個数の変化の仕方まではわかりません。

それに対して、「売上個数（y）＝－0.19価格（x）＋52.78」という式で、具体的に価格と売上個数の関係を表す回帰分析を行えば、価格が上がれば－0.19個売上個数が減るという、右肩下がりの関係を具体化できるということになります。

ビジネスにおいては、2変数の関係がどれくらいあるかがわかるだけでは、不十分なこと

が多くあります。回帰分析の結果のように、具体的に原因（価格）が変わると、結果（売上個数）にどれくらいの影響があるかを特定できれば、目標達成のためにどうすればよいか、情報提供をすることができます。

　この場合、もし売上個数を 10 個増やしたければ、約 53 円値引きすることで目的を達成できることになります（10 個÷（− 0.19）≒− 52.6）。

14.3　y＝ａx＋bの「b」とは何かを理解する

　もうひとつの「b」とはなんでしょうか。中学では「切片」と習ったと思います。数学的には、「x に 0 を入れたときの y の値」と解説されますが、わかりにくい説明です。簡単にいえば、b はベース得点で、予測をするときに使います。

　たとえば、この店が商品を 200 円で売ったとすると、いくつ売れると予測できるでしょうか。以下のように価格に 200 円を入れてみます。

$$売上個数（y）＝ − 0.19 × 200 円 + 52.78$$

　すると、14.78（個）となり、約 15 個売れると予想されることになります。この予測値（14.78）は、52.78 個という基準（ベース得点）に対して、− 0.19 × 200 ＝− 38 を加えたもの（マイナスなので 38 個を引いたもの）となるわけです。つまり、b（切片）とは、y を求める際のベースとなる得点ということになります。

　回帰分析をして得られる第一の結果はこの式で、この式を使うと以下のふたつのことがわかります。

1.　a（傾き）の値で「原因から結果への影響の大きさ」がわかる。
2.　式（y＝ａx＋b）の x に値を代入することで予測ができる。

14.4　どれくらい説明できるか確認する

次の散布図を改めて確認してみましょう。

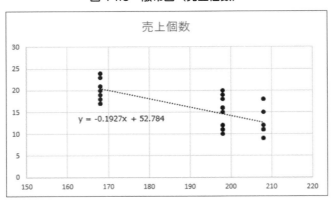

図 14.3　散布図（売上個数）

　同じ価格で売っていても、実際の売上個数は多い日もあれば少ない日もあることがわかります。たとえば、168 円で売っていた日は 7 日ありますが、売上個数は上下にばらついています。ということは、x に 168 円を入れても、必ずしもあたらないということになります。実際のビジネスを考えても当然なことで、売上個数は価格だけで説明（予測）できるわけはなく、その日の天気や気温、チラシの有無など、さまざまな要因から影響を受けるはずです。

　ただし、価格で予測できる範囲が大きければ、点のばらつきは小さくなり、逆に価格では売上個数を説明できないとすれば、もっとばらつきは大きくなるはずです。そこで、「どれくらい価格によって売上個数の上下の動きを説明できるのか」を知りたいときに使うのが「R-2 乗値」（決定係数）という値です。

　159 ページ⑥の散布図に近似曲線を追加した際のオプションに、[グラフに R-2 乗値を表示する] という項目があります。これにチェックを入れると、散布図に R-2 乗値、つまり x（価格）で y（売上個数）を説明できる範囲を追加することができます。

図 14.4　R-2 乗値のオプション

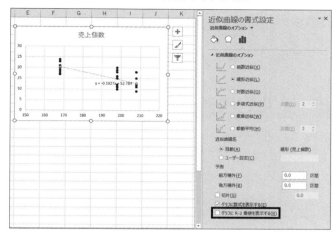

図 14.5 は、オプションを設定した結果です。

図 14.5　オプション設定後の画面

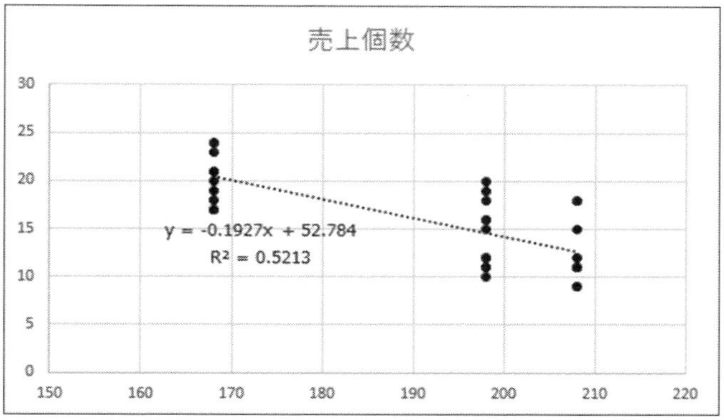

R-2 乗値（R^2 と表示されます）は約 0.52 となりました。この値の読みかたは以下のとおりです。

　R-2 乗値は、予測（近似曲線）と実際の値が完全に一致、つまり x を代入すると完全に y の値を予測できる場合、1 になります（100 パーセント説明できるという意味）。それに対して、予測と実際の値がずれていくと、いずれまったく説明できていない状態になります。その場合、R-2 乗値は 0 になります。

　したがって、R-2 乗値は 0 から 1 の間の値をとることになります。この例では、約 0.52 ですから、価格で売上個数の上下（動き）の 52 パーセントを説明できるということになります。

　この R-2 乗値ですが、いくつ以上でなければならないというものではありません。もち

ろん、1に近いほど、その分析に使ったx（価格）での予測精度は高くなります。ただし、ビジネスにおいては、ある原因だけで予測したいという目的以外に、その原因で結果をどれくらい説明できるのかを知りたいということもあるわけです。その場合、1に近くなくても、「ああ、このぐらいの説明力があるのか」と知ることができる点で、意味があります。

14.5　分析ツールで回帰分析を行う

　本書での学習範囲では、原因系がひとつだけの回帰分析を設定していますので、この散布図への近似曲線を追加するという方法で回帰分析を行えますが、より高度な分析では、原因となる変数を2個以上にしたり、それぞれの原因からの影響を統計学的に検証（仮説検証）したりするといった使いかたをします。その際には、分析ツールで「回帰分析」をする必要が出てきます。

　本書では、原因となる変数はひとつですが、分析ツールの計算方法もマスターしておきましょう。同時に、簡単に予測値を計算する方法として**残差**という機能についても説明します。

① 演習用ファイル「回帰分析.xlsx」を開き、「回帰分析②」シートを表示します。

② ［データ］タブの［分析］グループから［データ分析］をクリックします。

③ ［データ分析］ダイアログボックスの分析ツールの一覧から［回帰分析］を選択して［OK］ボタンをクリックします。

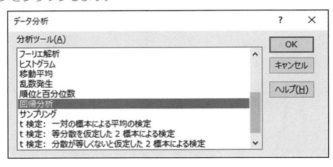

④ ［回帰分析］ダイアログボックスが表示されます。このダイアログボックスで指定するのは、4か所です。まず、［入力Y範囲］には、売上個数のデータであるC1:C32を指定します。次に、［入力X範囲］には、価格のデータであるB1:B32を指定します。さらに変数名を含んだデータを指定したので、［ラベル］にチェックを入れます。最後に［残差］セクションにある［残差］にチェックを入れて、［OK］ボタンをクリックします。
　なお、変数名を含んだデータなのに、［ラベル］にチェックを入れずに回帰分析を実行すると、図14.6のようなエラーが表示されるので注意しましょう。

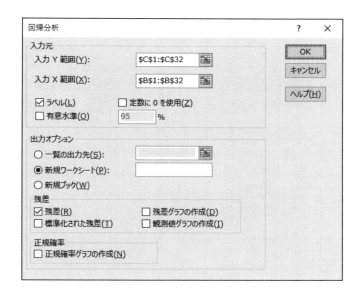

図 14.6 エラーメッセージ画面

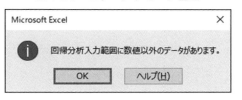

14.5 分析ツールで回帰分析を行う

⑤ 散布図に近似曲線を追加することで、分析した回帰分析の結果よりも詳細な結果が得られているとわかります。結果データは、表示形式を変更して小数以下第3位を四捨五入しています。

	A	B	C	D	E	F	G	H	I
1	概要								
2									
3		回帰統計							
4	重相関 R	0.72							
5	重決定 R2	0.52	← R-2 乗値						
6	補正 R2	0.50							
7	標準誤差	3.16							
8	観測数	31							
9									
10	分散分析表		b（切片）						
11		自由度	変動	分散	観測された分散比	有意 F			
12	回帰	1	314.7751	314.7751	31.5759	4.54787E-06			
13	残差	29	289.0959	9.9688					
14	合計	30	603.8710						
15									
16		係数	標準誤差	t	P-値	下限 95%	上限 95%	下限 95.0%	上限 95.0%
17	切片	52.78	6.58	8.02	0.00	39.32	66.25	39.32	66.25
18	価格	-0.19	0.03	-5.62	0.00	-0.26	-0.12	-0.26	-0.12
19									
20		a（傾き）							
21									
22	残差出力								
23									
24	観測値	予測値: 売上個数	残差						
25	1	20.4109589	-2.410958904						
26	2	20.4109589	3.589041096						
27	3	12.7031963	-0.703196347						

ここでは、上の図から次の3つを見ていきます。

1．式（y＝ax＋b）の形

散布図で得られた式のa（傾き）とb（切片）は、セルB18とB17とにそれぞれ出力されています。「係数」という欄が該当します。a（傾き）が－0.19、b（切片）が52.78となっており、散布図で得た結果と同じものになっていることがわかります。

2．R-2 乗値

分析ツールの出力では「重決定R2」という名前が付いており、セルB5に出力されています。値は0.52と、これも近似曲線を追加して得られた結果と同じものを得られることがわかります。

3．残差の欄

これは近似曲線の追加では得られなかった結果です。この例では、24行目から出力されていますが、得られる結果は「予測値」と「残差」です。予測値は、分析に使ったデータのそれぞれの行（この場合、5月1日〜5月31日までの31行）の価格（x）の値を、求めた式（売上個数（y）＝ － 0.19 × 200 円 + 52.78）に入れて得た結果です。つまり、その価格ならいくつ売れるか予測した値です。それに対して、残差は実際の値と予測のずれを計算した値です。

使いかたはさまざまですが、ひとつ重要な見方は、残差の大きなケース（日）を確認して

みるというものです。今回、売上個数を価格で説明することを試みましたが、ずれが多い日は、それ以外の要因が強く影響していた可能性があることを示しています。ですから、ずれが大きい日を確認し、何がその日にあったかを検討すれば、価格以外の影響要因を探すためのヒントを得られるでしょう。

14.6　まとめ

　ここまでで回帰分析の基礎を学んできました。ビジネスにおいては、結果からシミュレーションするという方法も有効です。ここでは、原因となる変数がひとつのままで、さらに高度な知見を得る方法について、学んでいきましょう。

章末問題

知識問題

次のなかから、誤っているものをひとつ選んでください。

1. 回帰分析を使うと、原因（x）と結果（y）の直線関係を回帰式という形で数式化できる。
2. 回帰式の傾き（a）は、原因xが動いたときのyへの影響を表している。
3. R-2乗値は、−1から＋1の値をとる。
4. 回帰式にxの値を入れると、yの予測値が計算できる。

操作問題

以下のデータをもとに回帰分析を行い、価格が1円下がったときに、売上個数がいくつ増えるか計算してください。

番号	価格	売上個数
1	100	37
2	90	65
3	95	45
4	100	39
5	80	70
6	80	57
7	90	45
8	95	47
9	90	53
10	100	33

第15章 最適化

Goal
・シミュレーションにより、原因（x）を動かしたときの結果（y）を検討できる。
・回帰分析の結果を使ったシミュレーションができる。
・ソルバーを使って、最適化問題を解くことができる。

武内さん：価格を変えると、どれくらい売れるかについての報告書を読んだよ。
荒木さん：回帰分析を使ってみたので、具体的にいくらで売ればいくつ売れるか予測できるようになりました。
武内さん：それで、結局いくらで売ればいいの？
荒木さん：さっそくシミュレーションをいたします！

このように何かを分析したら、その結果を用いてさらに分析を進めるというのが、ビジネスデータの活用ポイントになります。ここでは、回帰分析の結果を使ったシミュレーションのやりかたを学んでいきましょう。

15.1 Excelでシミュレーションを行う

第14章では、回帰分析によって具体的にいくらで売るといくつ売れるかの予測ができるようになりました。この方法を使えば、最高気温の予報によって、いくつぐらい売れると予想されるか、お客様への訪問回数を増やすと契約率がどう変わるかといったことを分析できるようになります。

ただし、回帰分析の結果の使いかたは、これだけではありません。表計算ソフトであるExcelの利点を活かしてシミュレーションを行うと、さらに有益な知見を得ることができます。ここでは、シミュレーションとそれを使った「最適化」問題を解く方法を学んでいきましょう。

第13章で使用した「回帰分析.xlsx」と同じデータと回帰分析の結果を使います。ここで目指すのは次のようなことです。

- ・価格をいくらにすると、どれくらいの売上個数になるかわかるようになる（回帰分析の結果の利用）
- ・価格を下げれば、売上個数が増える（価格を上げれば、売上個数は減る）という結果を予想できる。
- ・価格を下げると粗利が減るので、必ずしも売上個数が増えても、利益が増えるとは限らないという相反する関係（トレードオフの関係）を踏まえ、いくらで売れば、利益が最大になるかを明らかにする。

まず、利益を求める式を考えます。ここでは、シンプルな利益の式を設定します。

$$利益＝（価格－仕入れ値）×売上個数$$

① 「最適化.xlsx」の「最適化」シートを表示します。

② 空白のシートに以下の情報を入力します。

	A	B	C
1	価格	168	
2	仕入れ値	90	
3	売上個数	100	
4			

③ セル B4 に粗利を計算します。セル A4 に「粗利」と入力し、セル B4 に粗利の式「=B1－B2」と入力して［Enter］キーを押します。すると「78」という値が求められます。Excel でシミュレーションをするためには、式で入れられるものは、必ず式で入力しましょう。先に計算して、セルに値だけを入力することはしません。あとで価格の値をいろいろ変更したときに、連動して粗利の値が変更されるようにするためです。

B4		× ✓ fx	=B1-B2	
	A	B	C	D
1	価格	168		
2	仕入れ値	90		
3	売上個数	100		
4	粗利	78		
5				

④ ここまでできると、利益も式で入力できます。セル B5 に利益の式として「=B3＊B4」と入力して［Enter］キーを押します。「7800」（円）という値が求められます。

B5		× ✓ fx	=B3*B4	
	A	B	C	D
1	価格	168		
2	仕入れ値	90		
3	売上個数	100		
4	粗利	78		
5	利益	7800		
6				

⑤ ここでシミュレートをします。シミュレート（シミュレーション）とは、原因系の変数（ここでは価格）を動かし、結果の値（利益）の動きを確認して、意思決定に用いるという分析手法です。

　たとえば、価格を 190 円に変更すると、粗利が 100 円に代わり、それに応じて利益が 10,000 円に変わるはずです。次の操作のために、価格を 168 円に戻しておきましょう。

	A	B	C	D
1	価格	190		
2	仕入れ値	90		
3	売上個数	100		
4	粗利	100		
5	利益	10000		

15.2　回帰分析の結果を活用する

　このシミュレーションの結果は、問題がひとつあります。第 14 章で見たとおり、「価格が変われば、売上個数も変わる」という関係が反映されていません。

　そこで、セル B3 の売上個数には「100」という数字ではなく、価格に応じていくつ売れるかを予測する式を入れます。使うのは、回帰分析で求めた以下の式です。

$$売上個数（y）= - 0.19 価格（x）+ 52.78$$

①「最適化」シートの 7 行目以降に、以下の情報を入力します。セル B8 と B9 に入力している値は、「回帰分析の結果」から値を入力しています。ここでは、小数第 2 位に四捨五入した値を使うことにします。より詳細な分析をする場合、小数点以下をさらに細かくする必要があります。小数点以下の指定によって、答えが若干異なることがある点に注意してください。

	A	B	C	D
1	価格	168		
2	仕入れ値	90		
3	売上個数	100		
4	粗利	78		
5	利益	7800		
6				
7	回帰分析で得た係数			
8	a（価格の係数）	-0.19		
9	b（切片）	52.78		

② セル B3 の「100」を削除して、代わりに「=B8＊B1+B9」の数式を入力して、[Enter] キーを押します。すると、価格 168 円の場合の予想売上個数が 20.86 個となり、粗利 78 円を掛けた 1627.08 円が予想利益となることがわかります。

B3	▼	⋮	×	✓	f$_x$	=B8*B1+B9

	A	B	C	D
1	価格	168		
2	仕入れ値	90		
3	売上個数	20.86		
4	粗利	78		
5	利益	1627.08		
6				
7	回帰分析で得た係数			
8	a（価格の係数）	-0.19		
9	b（切片）	52.78		
10				

このように原因と結果の関係を反映させることで、価格という原因を変化させたときに、売上個数や利益といった結果の動きが変わるシートを作成することができます。

15.3　利益を最適化する価格を探す

ここで、価格を 100 円、150 円、200 円、250 円のそれぞれに設定した場合の予想利益を計算してみます。価格を変更して得られた利益をまとめたのが表 15.1 です。小数点以下は四捨五入しています。15.2 で作成した表を使って、シミュレーションしてみましょう。

表 15.1　価格別の予想利益

価格	100	150	200	250
予想利益	338	1,457	1,626	845

（単位：円）

この結果から明らかなとおり、ある値段までは価格を上げると利益は増えるものの、ある値段以上になると利益が下がります。この「ある値段」がわかれば、利益を最適化する価格もわかるはずです。

まず、最適価格を手作業（力業）でやってみたいと思います。価格を 1 円単位で次々と入力し、いちばん利益が高くなる価格を探していきます。たとえば、100 円、101 円、102 円……といった具合です。次のような結果になります。

表 15.2　手作業による最適価格

価格	182	183	184	185
予想利益	1,674.4	1,674.9	1,675.1	1,674.9

(単位：円)

この場合、184 円での価格づけが、もっとも利益の出る価格だということがわかります。

15.4　ソルバー機能を活用する

　最適価格を特定する際、いちいち手で入力していては大変です。こういう作業は、コンピューターで行えば簡単です。Excel には最適化問題を解くために、[ソルバー] という機能があります。これを使った方法をマスターしましょう。

●15.4.1　ソルバーアドインを設定する

　まず、ソルバー機能を追加します。Excel の既定では、ソルバー機能は利用できない状態になっています。アドインのソルバー機能を追加します。その方法は、第 5 章で学習した [分析ツール] アドインの追加方法と同じですが、念のため、ここでも方法を確認しておきます。

① Excel を起動したら、[ファイル] タブをクリックして、左側のメニューにある [オプション] をクリックします。

② ［Excelのオプション］ダイアログボックスが表示されたら、左側のメニューの［アドイン］をクリックします。

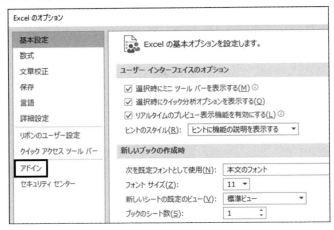

③ ダイアログボックスの下部にある［管理（A）］に［Excelアドイン］が表示されていることを確認したら、［設定］ボタンをクリックします。

④ ［ソルバーアドイン］にチェックを入れると、［データ］タブの［分析］グループに［ソルバー］が追加されます。これで準備完了です。

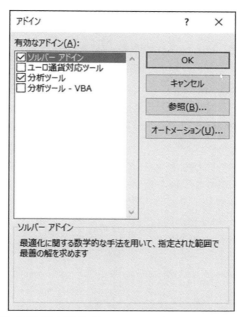

● **15.4.2 ソルバーを使用して最適化する**

それでは、ソルバーを使って最適化していきます。

① 「最適化 .xlsx」ファイルの「ソルバー」シートを表示します。

② [データ] タブの [分析] グループから [ソルバー] をクリックします。

③ [ソルバーのパラメーター] ダイアログボックスが表示されたら、以下の 4 か所を設定していきます。ひとつずつ見ていきましょう。

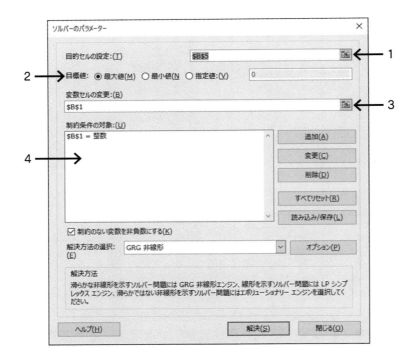

1. 目的セルの設定

ここには、値を最大や最小にしたいゴールの変数がはいります。今回は利益を最大にする価格を探しますので、「利益」の式が入っているセル B5 を指定します。

2. 目標値

1 で設定したセルの値の指定をします。今回は「最大値」にするのが目的なので、[最大値] を選びます。

3. 変数セルの変更

原因系の変数を指定します。ここでは価格を動かしますので、「価格」がはいっているセル B1 を指定します。

4. 制約条件の対象

最後に少しややこしいですが、制約条件を設定します。ここでは、価格は 1 円単位で動かし、小数点以下の値をとらず、整数のみを候補とするので、「B1 の値は整数しかとらない」という制約を設定します。制約条件の対象の右側にある [追加] ボタンをクリックし、次の図のように、セル B1 (価格) を [int (整数)] とするという指定をして [OK] ボタンをクリックします。

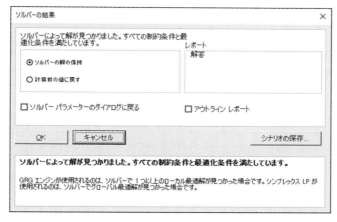

④［ソルバーのパラメーター］ダイアログボックスの［解決］ボタンを押すと、［ソルバーの結果］ダイアログボックスが表示され、計算が終わったことがわかります。答えが求められた場合には、「ソルバーによって解が見つかりました。すべての制約条件と最適化条件を満たしています。」というメッセージが表示されます。

［OK］ボタンをクリックすると、価格のセルに最適化の結果の値（184円）が求められています。

	A	B
1	価格	184
2	仕入れ値	90
3	売上個数	17.82
4	粗利	94
5	利益	1675.08
6		
7	回帰分析で得た係数	
8	a（価格の係数）	-0.19
9	b（切片）	52.78

15.5 まとめ

このように Excel では、原因と結果の関係を式としてシート化することで、原因を動かしたときの結果の動きを確認できる（シミュレーションできる）だけでなく、結果の値（目標値）を設定し、制約条件を決めれば、それを達成する原因の値を特定する（最適化問題を解く）こともできます。

ビジネスにおいて、このようなシミュレーションを用いると、想定するさまざまな状況からどのような結果が得られるかを知ることができるようになります。意思決定の際に有効な情報が得られるため活用したい手法と言えます。

以上、第3部（第11章〜第15章）では、変数と変数の関係に着目した分析として、集計（平均値の比較、クロス集計）、散布図、相関、回帰分析、そして最適化の解きかたを学習しました。

本書は、あまり複雑な分析までは含まれていませんが、これだけでも使いこなせればさまざまなビジネスシーンでの分析ができるようになります。

章末問題

知識問題

次のなかから、誤っているものをひとつ選んでください。

1. 原因と結果の関係を式の形で定義すると、シミュレーションを行うことができる。
2. シミュレーションを行うと、原因（ x ）やその他の影響要因をさまざまな値に変更したときに、結果（ y ）がどのような動きになるかを検討することができる。
3. Excel では、ソルバーを使うと、最適化問題を解くことができる。
4. 価格を上げれば上げるほど利益が増えるので、価格は高く設定するほうが利益を最大化できる。

操作問題

第14章の操作問題（☞ 167 ページ）では、回帰分析の結果、販売個数 ＝ － 1.38 ×価格 ＋ 175.74 という回帰式を得ました。これを使って、以下の条件から利益が最大になる価格を求めてください。

仕入れ価格：70 円

章末問題　解答

　章末問題の解答は、Web ページからダウンロードをしてください。ダウンロード方法は「学習用データのダウンロード」（☞ ix ページ）をご参照ください。

第 1 章　平均値（11 ページ）
知識問題
解答：3
操作問題
解答：14

第 2 章　中央値（19 ページ）
知識問題
解答：3
操作問題
解答：720

第 3 章　最頻値（26 ページ）
知識問題
解答：1
操作問題
解答：10

第 4 章　レンジ（36 ページ）
知識問題
解答：1
操作問題
解答：670

第 5 章　標準偏差（56 ページ）
知識問題
解答：2
操作問題
解答：3

第 6 章　外れ値（69 ページ）
知識問題
解答：3
操作問題
解答：A06

第 7 章　度数分布表（81 ページ）
知識問題
解答：3
操作問題
解答：A　21　B　0.96

第 8 章　標準化（90 ページ）
知識問題
解答：2
操作問題
解答：① 2　　② 2

第 9 章　移動平均（102 ページ）
知識問題
解答：3
操作問題
解答：2

第 10 章　季節調整（115 ページ）
知識問題
解答：4
操作問題
解答：8 月

第11章　集計（133ページ）

知識問題

解答：3

操作問題

解答：持っている　782.8円、持っていない　727.7円

第12章　散布図（144ページ）

知識問題

解答：2

操作問題

解答：以下の図のとおり

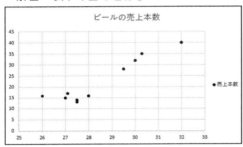

第13章　相関（155ページ）

知識問題

解答：2

操作問題

解答：0.94

第14章　回帰分析（167ページ）

知識問題

解答：3

操作問題

解答：回帰分析の結果、y ＝ － 1.38x ＋ 175.74 となり、価格が1円下がると、販売個数が1.38個増えることがわかります。

第15章　最適化（178ページ）

知識問題

解答：4

操作問題

解答：99円で売ったときに1134.5円の利益になり、最大になる。

索引

a–z

AVERAGE 関数 2
CORREL 関数 148
Excel アドイン 51
Excel のオプションダイアログボックス
.... 51
IF 関数 126
MAX 関数 31
MEDIAN 関数 12
MIN 関数 31
MODE.SNGL 関数 20
#N/A 21
PEARSON 関数 148
POS レジ 119
R-2 乗値 162, 166
ROUNDUP 関数 109
SQRT 関数 45
STANDARDIZE 関数 86
STDEV.P 関数 46
STDEV.S 関数 46
t 検定 126
y=ax+b（回帰式）.............................. 160

ア

移動平均 92
演算子 7
オート SUM .... 8 ,16, 22, 32, 33, 41
折れ線グラフ 65, 136

カ

回帰分析 156

階級 72
カイ 2 乗検定 131
仮説 120
仮説検定 120
仮説の検証 120
関数の挿入 9
関数のネスト 127
関数の引数 9
関数ライブラリ 9
疑似相関 154
季節指数 111
季節調整 104
季節変動 93
季節変動値 105, 107
基本統計量 50
挙動 107
近似曲線 63, 159
区間 93
クロス集計表 129
クロス表 110
結果系変数 120
原因系変数 120
検定 75

サ

最小値 13
最小 2 乗法 160
最大値 13
最適化 168
最頻値 20
残差 164

181

散布図.................................60, 134

軸ラベル...............................80

質的変数...............................120

シミュレート（シミュレーション）.....170

集計.....................................118

推定.....................................75

数式バー...............................5

正規分布...............................75

成長...............................93, 107

正の相関...............................60

絶対値.................................149

セルの絶対参照.......................98

セルの複合参照.......................42

相加平均値...........................11

相関.....................................146

相関がある...........................147

相関がない...........................152

相関係数...............................147

相対度数...............................73

総和.....................................5

ソルバー...............................173

タ

第 2 軸.................................138

中央値.................................12

直線関係...............................147

データの検知.........................8

［データ分析］ダイアログボックス.......53

度数...............................71, 73

度数分布表...........................70

ドラッグ...............................4

トリム平均...........................109

ハ

外れ値.................................59

範囲.....................................29

ピアソンの積率相関.................147

引数.....................................32

ヒストグラム.........................75

ピボットテーブル.....................121

標準化.................................82

標準偏差...............................38

フィールド...........................4

振れ幅.................................29

分散.....................................39

分析ツール...........................50

「分析ツール」アドイン.................50

平均値.................................2

偏差.....................................39

変動要因...............................93

補助線.................................63

補正トリム平均.......................111

棒グラフ...............................75

マ

無作為変動...........................93

モード.................................21

ヤ

予測.....................................93

ラ

量的変数...............................120

累積相対度数.........................74

累積度数...............................74

レンジ.................................28

●著者紹介

玄場 公規 （げんば きみのり）
法政大学イノベーション・マネジメント研究科

法政大学大学院イノベーション・マネジメント研究科・教授。東京大学大学院工学系研究科先端学際工学専攻博士課程修了（学術博士）。三和総合研究所研究員、東京大学工学系研究科アクセンチェア寄附講座助教授、芝浦工業大学大学院工学マネジメント研究科助教授、スタンフォード大学アジアパシフィックリサーチセンター客員研究員、立命館大学大学院テクノロジー・マネジメント研究科教授などを経て、現職。専門は、経営戦略、イノベーション戦略。著書に『理系のための企業戦略論』（日経BP社）、『製品アーキテクチャーの進化論』（白桃書房）、『イノベーションと研究開発の戦略』（芙蓉書房）などがある。

湊 宣明 （みなと のぶあき）
立命館大学テクノロジー・マネジメント研究科

立命館大学大学院テクノロジー・マネジメント研究科・副研究科長・准教授。仏 Ecole Superieure de Commerce de Toulouse 修了（Aerospace Management）。慶應義塾大学大学院システムデザイン・マネジメント研究科博士（システムエンジニアリング学）。国立研究開発法人宇宙航空研究開発機構（JAXA）、慶應義塾大学助教、特任准教授を経て、現職。専門は、システム工学、航空宇宙管理。著書に『経営工学のためのシステムズアプローチ』（講談社）、『実践システムシンキング』（講談社）などがある。

豊田 裕貴 （とよだ ゆうき）
法政大学大学院イノベーション・マネジメント研究科・教授。博士（経営学）。リサーチ会社、シンクタンクの研究員などを経て、2004年4月より多摩大学経営情報学部マネジメントデザイン学科助教授、2015年4月より現職。専門はマーケティングリサーチ、マーケティング、ビジネスデータ分析。より実践的で実用的なマーケティングやデータ活用の研究・普及に努めている。著書に『これ一冊で完璧！Excelでデータ分析 即戦力講座』（秀和システム）、『すぐやってみたくなる！データ分析がぐるっとわかる本』（すばる舎）、『マーケティングってそういうことだったの！？』（あさ出版）、『ブランドポジショニングの理論と実践』（講談社）などがある。

Excel で学ぶ
ビジネスデータ分析の基礎
ビジネス統計スペシャリスト・エクセル分析ベーシック対応

2016 年 9 月 28 日　初版　第 1 刷発行
2023 年 9 月 1 日　初版　第 11 刷発行

著者	玄場 公規、湊 宣明、豊田 裕貴
発行	株式会社オデッセイコミュニケーションズ 〒 100-0005　東京都千代田区丸の内 3-3-1　新東京ビル B1 FAX：03-5293-1887（平日 10:00 〜 17:30） E-Mail：publish@odyssey-com.co.jp
印刷・製本	中央精版印刷株式会社
カバーデザイン	アイハラケンジ（株式会社アイケン）
カバーイラスト	takahuli.production/Shutterstock
本文イラスト	中村あゆみ
本文デザイン・DTP	アーティザンカンパニー株式会社
編集	株式会社 LETRAS（川上純子）

- 本書は著作権法上の保護を受けています。本書の一部または全部について（ソフトウェアおよびプログラムを含む）、株式会社オデッセイコミュニケーションズから文書による許諾を得ずに、いかなる方法においても無断で複写、複製することは禁じられています。無断複製、転載は損害賠償、著作権上の罰則対象となることがあります。
- 本書の内容に関するご質問は、上記の宛先まで FAX、書面、もしくは E-Mail にてお送りください。お電話によるご質問、および本書に記載されている内容以外のご質問には、一切お答えできません。あらかじめご了承ください。
- 落丁・乱丁はお取り替えいたします。上記の宛先まで FAX、書面、もしくは E-Mail にてお問い合わせください。

© 2016 Odyssey Communications Inc. ISBN978-4-908327-04-9 C3055